메디-에스테티션을 위한

메디컬 스킨케어

허은영 · 유중석 · 송미경 · 박지현 · 최나홍
최성임 · 김연숙 · 장병수 · 이명희 지음

BM 성안당

머리말

　의약분업이 실시된 이후 가속화된 의료계의 피부관리와 비만관리는 가히 놀라운 속도로 발전해 왔다. 특히 메디컬 스킨케어는 피부의 문제점 개선과 질환의 치료, 노화 예방 등 다양한 방면에서 성과를 거두며 세계적 수준에 도달해 있다.

　미백 치료, 여드름 치료 등 각종 피부 관련 치료 방법과 레이저 시술 등이 비약적 발전을 하면서 이러한 시술 후에 반드시 필요한 재생 관리(치료 후 관리) 및 홈케어 처방의 중요성 또한 부각되었다. 따라서 피부에 대한 폭 넓은 이해와 관리, 정확한 화장품 사용방법 등의 업무를 훌륭하게 수행해 낼 전문 메디컬 에스테티션이 그 어느 때보다 절실하게 필요하다고 생각된다.

　이 책은 메디컬 에스테티션이 갖추어야 할 지식을 폭 넓게, 그리고 전문적으로 다루고자 기획되었다. 특히 의료 기기를 활용한 처치 및 케미컬 필링 등 메디컬 트리트먼트 후 반드시 필요한 케어 관련 정보를 담고자 하였다. 이 책을 집필하기 위해 애쓰신 국제테라피스트협회의 메디컬 에스테틱 분과 위원 여러분의 노력과 협회 운영진의 아낌없는 지원 등에 깊이 감사드리며, 부족한 이 책의 보완을 위해 앞으로도 좀 더 진지한 노력들이 펼쳐질 것으로 기대한다.

저자 일동

메디-에스테티션을 위한
메디컬 스킨케어

메디-에스테티션의 개요

1 정 의

메디-에스테티션(Medi-Esthetician)이란 전문의에 의한 메디컬에서의 의료적인 처방과 피부관리사에 의한 스킨케어를 통해 피부 질환의 치료와 피부 미용을 목적으로 병원과 에스테틱 살롱에서 시술하는 사람을 의미한다.

일반적으로 메디-에스테티션의 업무 범위는 병원의 치료 효과와 에스테틱 살롱의 스킨케어의 관리를 극대화하고, 부작용은 최소화하는 처치를 말한다. 치료와 케어 후에 진정, 재생, 미백 등의 관리로 고객의 만족도를 극대화시킬 수 있다.

본 책은 메디컬 관리에 집중된 스킨케어보다는 에스테티션을 위한 지침서를 마련하기 위해 메디컬-에스테틱이라 이름을 붙이게 되었고, 메디컬-에스테틱을 하는 피부 미용인을 메디-에스테티션이라고 칭하기로 한다.

장점
- 전문의에 의한 정확한 진단 후 최적의 스킨케어 프로그램을 적용할 수 있다.
- 치료 후 흉터 발생과 2차 감염 등에 의한 부작용을 최소화시킬 수 있다.
- 약물 치료, 레이저 치료, 스킨케어의 병행으로 치료 효과를 극대화시킬 수 있다.
- 수술 후 전문적인 사후 관리로 회복 기간을 단축하고 수술 효과를 극대화시킬 수 있다.

적용 대상
- 여드름 관리
- 색소성 피부 질환 관리
- 피부 노화 관리
- 레이저 후 관리
- 비만 관리
- 두피(탈모) 관리
- 성형 수술 후 관리

2 목 적

우리나라는 2008년 피부 미용사 자격증 제도가 생겨남으로써 전문적인 피부 미용인으로의 전환점을 맞게 되었다. 메디-에스테티션은 의료적인 시술이 행해지는 메디컬과 에스테틱 살롱에서의 피부 미용사의 직무를 수행할 수 있도록 하며, 메디컬과 에스테틱의 분리되었던 업무를 상호 보완하는 데 중점을 둔다.

3 현황과 전망

우리나라는 1990년 중·후반부터 메디컬과 에스테틱 살롱의 스킨케어가 급격한 발전을 이루게 되었다. 생얼 트렌드 확산과 맞물려 피부과를 비롯한 병원과 에스테틱 살롱은 피부 잡티를 제거하려는 사람들로 대 호황을 누리게 되었다.

최근 우리나라는 피부 미용사 국가 자격증이 생기면서 메디컬과 에스테틱 살롱이 메디컬 콘셉트 및 호텔 부대시설과 연계되어 테라피와 휴양지의 개념으로 결합된 전문 센터의 형태로 급속하게 생겨나고 있다. 사회가 발전하면서 아름다움을 찾으려는 욕구가 더욱 커지면서 메디-에스테틱의 문턱은 많이 낮아졌다.

그뿐만 아니라 중국, 백인들을 공략한 미국 비벌리힐스 등 해외에 진출한 경우도 있으며, 우리나라의 메디컬 스킨케어 기술을 배우기 위한 싱가포르, 중국, 태국, 필리핀 의사들의 왕래도 늘어나고 있는 추세이다. 그 이유는 과거에 메디컬 영역에서 환자 시술 위주의 관리가 진행되었다면 현재는 메디 에스테틱에서 비타민 C를 투입시키는 기술을 적용하는 등 전문의의 시술과 피부 관리를 결합하고, 차가웠던 병원의 이미지를 개선해 호텔 수준의 서비스와 피부 관리실을 둠으로써 환자들의 큰 호응을 얻고 있기 때문이다.

현재 메디컬 스킨케어의 전망은 매우 밝다고 할 수 있다. 최근 우리나라는 의료인이 피부 미용사를 고용해, 의학적인 피부 관리를 행하는 것이 가능하다는 보건복지가족부의 유권해석이 나와 메디컬 스킨케어 산업을 통한 여성 일자리 창출 역량은 더욱 커질 것으로 기대된다.

의료인이나 여성이 주를 이루는 피부 미용사가 유기적으로 연계해 협력할 수 있는 길이 넓어졌기 때문이다. 또한 메디컬 스킨케어 산업이 성장할수록, 특히 해외 환자 유치가 많아질수록 피부 미용사들의 일자리도 늘어날 것이다. 국내 메디컬 스킨케어 산업은 외환 위기 이후 피부과를 중심으로 급성장하고 있어 의료인과 피부 미용사가 협력한다면 의료 서비스의 질을 한 단계 높일 것으로 기대된다.

메디컬 스킨케어

피부 과학

01 피부의 구조 및 생리 기능

1 정 의

신체 표면을 둘러싸고 있는 피부는 뇌와 함께 만들어지며, 외부의 물리적·화학적인 자극으로부터 신체를 보호하는 중요한 조직이다. 신체 체중의 약 15~20%를 차지하고 있으며, 표면적은 약 1.6~1.8m^2 정도된다. 피부의 두께는 보통 1~2mm이며, 발바닥과 손바닥이 5~6mm로 가장 두껍고, 눈꺼풀이 0.5mm 정도로 가장 얇다.

피부의 구성
- 표피(Epidermis)
- 진피(Dermis)
- 피하 조직(Subcutaneous Tissue)

피부의 부속 기관
- 한선(에크린선, 아포크린선)
- 피지선
- 조갑(손톱, 발톱)
- 모발
- 혈관, 림프관, 신경 등

2 구 조

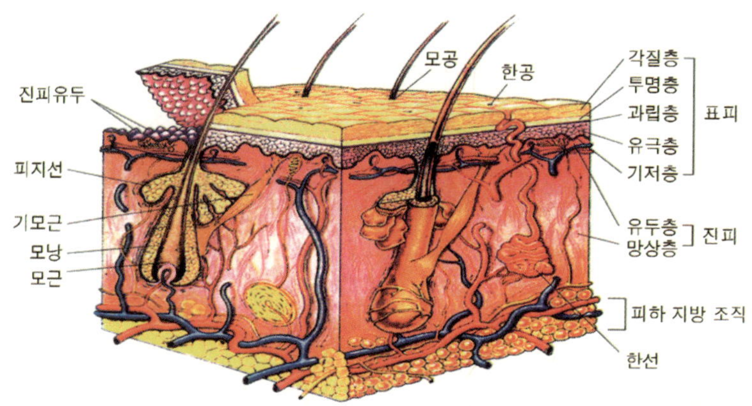

1. 표피(Epidermis)

(1) 구조 및 기능

표피는 피부의 가장 바깥층으로 피부 방어벽을 형성하며 무핵층과 유핵층으로 구분된다.

무핵층은 죽어 있는 세포로 구성되어 있으며 각질층, 투명층, 과립층으로 이루어져 있고, 유핵층은 살아 있는 세포로 유극층과 기저층으로 이루어져 있다.

표피는 신체 내부를 보호해 주는 보호막 기능을 가지고 있으며, 외부로부터의 세균, 유해 물질과 자외선 침입을 막아주는 역할을 하며, 모세 혈관이나 신경이 존재하지 않지만 다수의 말초 신경이 분포되어 있다.

① 기저층

㉠ 표피의 가장 아래에 위치하며 진피와 경계를 이루는 물결 모양의 단층이다.

㉡ 각질 세포(케라틴)를 만드는 각질 형성 세포(Keratinocyte)와 피부색을 좌우하는 멜라닌 형성 세포(Melanocyte)가 4 : 1~10 : 1의 비율로 존재한다.

㉢ 진피의 유두층과 붙어 있어 모세 혈관을 통해 영양 공급을 받는다.

㉣ 기저층 아래에 기저 세포막이라는 보호막이 있어 물질의 이동을 통제한다.

㉤ 살아 있는 세포로 유핵 세포이다.

㉥ 상처를 입어 기저층이 파괴되면 재생이 어렵고, 새 세포의 생성은 일반적으로 잠든 후 2시간 이후가 재생이 잘된다.

㉦ 약 70%의 수분으로 구성되어 있다.

② 유극층(가시층)

㉠ 표피 중 5~10층으로 가장 두꺼운 층을 이루며, 노화될수록 얇아진다. 유핵 세포로서 세포 분열이 이루어진다.

㉡ 세포 사이에 물질을 교환하며 피부 영양에 관여하는 물질대사가 이루어진다.

㉢ 면역 기능을 담당하는 랑게르한스 세포가 존재한다.

㉣ 약 70%의 수분으로 구성되어 있다.

③ 과립층

㉠ 3~5층으로 각질화되는 과정이 실제적으로 시작되는 층이다.

㉡ 세포가 파괴될 때 케라토하이알린(Keratohyalin, 각질 효소)은 단백질이 작은 과립으로 채워진다. 이때의 세포는 수분을 잃어 평평해지고 핵이 파괴되기 시작한다.

   ⓒ 죽은 세포와 살아 있는 세포가 공존하는 층이다.

   ② 외부로부터 이물질의 침투를 억제하고 수분의 증발을 막는 수분 저지막(Rein Membrane)이 존재하며 피부가 건조되는 것을 막는다.

   ⑩ 약 30%의 수분으로 구성되어 있다.

④ **투명층**

   ㉠ 2~3개 층으로 핵이 없는 죽은 세포(무핵 세포)이다.

   ㉡ 엘라이딘이라는 반유동성 단백질이 존재하며, 이것은 수분 흡수를 막는 역할을 하고 피부를 윤기 있게 해준다.

   ㉢ 주로 손바닥, 발바닥에 존재한다.

⑤ **각질층**

   ㉠ 표피층의 가장 바깥 표면의 비늘 모양으로 20층 이상 겹겹이 쌓여 있으며, 핵이 없는 무핵 세포이다.

   ㉡ 각질과 지질로 구성되어 있다. 지질은 수분 증발 억제, 유해 물질 침투 억제, 각질 간 접착제 역할을 하며, 각화된 세포는 박테리아와 외부 자극으로부터 보호한다.

   ㉢ 각질층의 주 성분은 케라틴 약 58%, 천연 보습 인자(NMF) 약 31~38%, 각질 세포 간 지질 약 11%를 포함한다.

   ㉣ 수분 함량은 15~20%이고, 수분을 함유할 수 있도록 천연 보습 인자가 각질층의 수분 유지의 역할을 한다.

   ㉤ 형성된 각질 세포는 28일(4주) 주기로 박리 현상이 이루어지며 매월 다시 생성된다.

(2) 표피 구성 세포

① **각질 형성 세포(Keratinocyte)**

   ㉠ 표피를 구성하는 세포의 90% 이상을 차지한다.

   ㉡ 케라틴(각질) 단백질을 만드는 역할을 한다.

   ㉢ 각화 주기는 보통 28일이다.

② **랑게르한스 세포(Langerhans Cell)**

   ㉠ 유극층에 존재하며, 표피 각화 과정의 성장 촉진을 돕는다.

   ㉡ 외부의 이물질 및 바이러스 등의 식균 작용, 피부 면역과 밀접한 관계가 있으며, 외부의 항원을 림프구로 전달하는 역할을 한다.

③ 머르켈 세포(머르켈, Merkel Cell, 인지 세포, 촉각 세포)

  ㉠ 기저층에 존재하며, 아주 미세한 전구체인 촉각 수용체로 촉각을 감지하므로 촉각 세포라고도 한다.

  ㉡ 신경 섬유의 말단과 연결되어 신경 자극을 뇌에 전달한다.

  ㉢ 털이 없는 손바닥, 발바닥, 코 부위, 입술 및 생식기 등에 존재한다.

④ 색소 형성 세포(Melanocyte)

  ㉠ 기저층에 존재하며, 멜라닌 과립의 형태, 크기에 따라 피부색을 결정하는 세포이다.

  ㉡ 멜라닌 세포의 수는 성별이나 인종에 관계없이 모두 동일하다.

  ㉢ 멜라닌 과립은 각질 형성 세포에 들어가면 그 핵 위에 모여서 자외선 등 유해한 광선으로부터 세포핵을 지키는 작용을 한다.

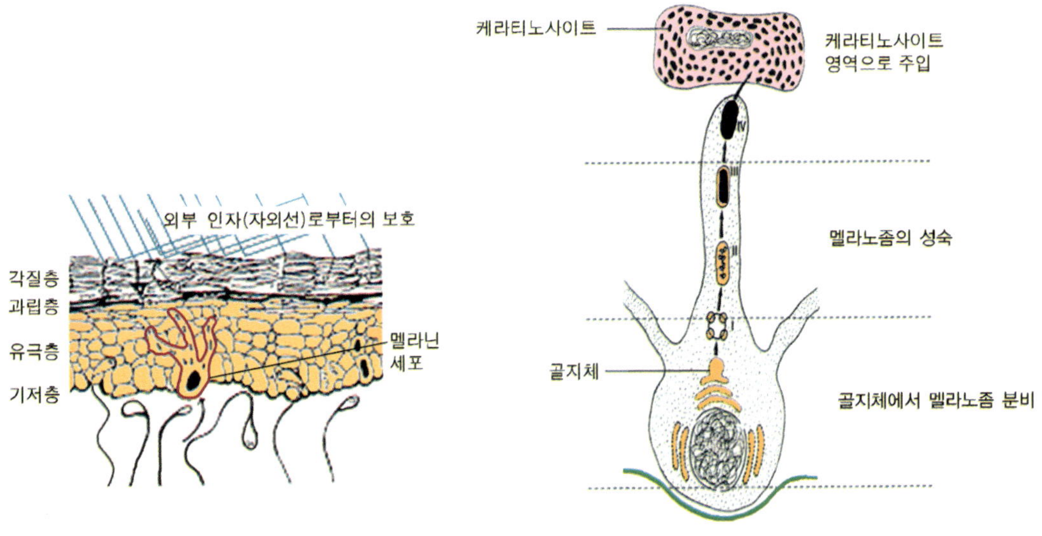

[그림] 멜라닌 세포의 분포

2. 진피(Dermis)

(1) 구조 및 기능

진피는 피부 전체의 90%를 차지하고 있으며, 명확하게 구분되지는 않으나 망상층과 유두층으로 나뉜다.

표피의 약 20~40배에 해당하는 진짜 피부이고, 기저층과 바로 연결된다. 혈관,

림프관, 신경, 한선, 피지선 등이 포함되어 있어 피부의 영양 공급 및 분비, 감각 등의 중요 기능을 담당한다.

① **유두층**
- ㉠ 진피층의 상부에 위치(진피의 표피층)한다.
- ㉡ 작은 원추형 돌기로서 유두 모양을 하고 있다. 기저층의 물결 모양은 노화의 진행에 따라 점차 요철이 적고 편평해진다.
- ㉢ 전체 진피의 10~20%를 차지하며 손상을 입으면 흉터(반흔)가 발생한다.
- ㉣ 모세 혈관, 림프관, 신경, 한선, 피지선이 분포한다.
- ㉤ 피부의 영양 공급 및 분비, 감각 등의 중요 기능을 담당한다.
- ㉥ 물질 교환 작용이 이루어져 신경 전달 기능을 하며, 감각 기관인 촉각과 통각이 위치한다.

② **망상층(Reticular Layer)**
- ㉠ 그물 모양의 섬유성 결합 조직으로 교원 섬유(Collagen)와 탄력 섬유(Elastin)로 구성되어 있다.
- ㉡ 진피의 대부분을 차지한다.
- ㉢ 감각 기관으로 냉각, 온각, 압각이 존재한다.
- ㉣ 콜라겐은 피부에서 주름과 관련이 있는 조직이다.
- ㉤ 엘라스틴은 피부 탄력의 역할과 파열을 방지하는 스프링 역할을 한다.
- ㉥ 무코 다당류는 진피에서 수분을 함유하는 역할을 하며, 주 성분은 히알루론산이다.
- ㉦ 모세 혈관이 거의 없으며, 동맥과 정맥, 피지선, 한선, 털, 모낭, 입모근, 모유두, 신경 등이 분포한다.

(2) 진피의 구성 물질

① **섬유아세포(fibroblast)** : 콜라겐과 엘라스틴을 만들어내는 모세포이다.

② **콜라겐(Collagen, 교원 섬유)**
- ㉠ 진피 성분의 90%를 차지하며, 섬유 단백질인 교원질로 구성되어 있다.
- ㉡ 1,000여 개의 아미노산이 삼중 나선 구조를 이루며 많은 수분을 함유하고 있다.
- ㉢ 섬유 단백질로 섬유아세포에서 생성된다.
- ㉣ 피부 주름의 원인으로 작용하며, 주 성분인 아미노산이 훌륭한 보습제 역할을 한다.

ㅁ 젊은 피부일수록 수분 보유력이 좋은 용해성 콜라겐이 존재한다.

ㅂ 현미경으로 관찰 시 백색을 띠며, 물을 넣고 끓이면 아교처럼 끈끈해져 젤라틴화가 된다.

③ 엘라스틴(Elastin, 탄력 섬유)

ㄱ 탄력성이 강한 섬유 단백질이다.

ㄴ 황색을 띠어 황섬유라고 하며, 섬유아세포에서 생성된다.

ㄷ 각종 화합물에 대해 저항력이 뛰어나다.

ㄹ 피부를 잡아당겼을 때 1.5배까지 늘어나는 탄력성을 가지고 있다.

ㅁ 진피 성분의 약 2~3%를 차지한다.

ㅂ 물에 가열해도 젤라틴화가 되지 않으며, 각종 화학 물질에 대한 저항력이 매우 강하다.

④ 기질(Ground Substance)

ㄱ 진피와 결합 섬유 사이를 채우고 있는 젤리형 물질이다.

ㄴ 진피에서 천연으로 생성되며 히알루론산(Hyaluronic Acid, 당질)이 주 성분이다.

ㄷ 히알루론산은 무자극성이며, 뛰어난 보습 작용으로 화장품의 원료로도 사용된다.

ㄹ 진피의 보습 인자로 피부의 영양과 신진대사, 수분 유지, 노화 방지 등의 역할을 한다.

3. 피하 조직(피하 지방)의 구조 및 기능

① 진피의 근육과 뼈 사이에 위치하며, 지방을 함유하고 있는 피부의 가장 아래층에 존재한다.

② 그물 모양의 느슨한 결합 조직으로서 저장 지방으로 이루어져 있다.

③ 열 발산을 막아주어 체온을 유지하며 체형을 결정한다.

④ 수분을 조절하고, 소모되고 남은 에너지를 저장한다.

⑤ 손바닥, 발바닥, 귀, 고환, 안륜근(눈 근육), 구륜근(입 근육)에는 지방 조직이 거의 없다.

⑥ 외부로부터의 충격을 흡수하여 신경이나 혈관 등 내부 기관을 보호한다.

⑦ 피하 조직층에 지방이나 조직액이 지나치게 축적되어 진피, 표피가 위로 밀려오면서 피부 표면이 오렌지 껍질처럼 울퉁불퉁 튀어 올라오는 셀룰라이트 현상이 나타난다.

4. 피부 표면 구조와 생리

(1) 산성 피지막

① 피지선에서 나온 피지와 한선에서 나온 땀으로 이루어져 피지막이라 한다.

② 피지에는 지방산이 함유되어 지방막이라고도 하며 수분 증발 억제의 기능을 한다.

③ 땀(약산성)과 피지(약산성)로 산성막이라고도 하며 박테리아의 성장을 억제한다.

④ 세균 살균 효과가 있고, 유중 수형 상태(기름 속에 수분이 일부 섞인 상태)가 수분 증발을 막아 수분 조절 역할을 한다.

⑤ 피부 표면에 존재한다.

⑥ 피부 산성도 측정 시 pH(수소 이온 농도)를 사용한다.

⑦ 정상 피부의 산성도는 pH5.2~5.8이고, 모발은 pH3.8~4.2이다.

(2) 천연 보습 인자(NMF, Natural Moisturizing Factor)

① 피부 표면에 있는 피지의 친수성 부분을 천연 보습 인자라 하고, 이는 수분 보유량을 조절한다.

② 각질층에 존재한다.

③ 건조를 방지하는 천연 원료 역할을 한다.

④ **천연 보습 인자 구성 요소** : 아미노산 40%, 피롤리돈 카르본산 12%, 젖산염 12%, 요소 7%, 염소 6%, 나트륨 5%, 칼륨 4%, 암모니아 15%, 마그네슘 1%, 인산염 0.5%, 기타 9%로 구성된다.

3 부속 기관

1. 피지선

(1) 기 능

① 피부 표면이 피지막을 형성해 피부를 보호하고, 외부의 이물질 침입을 억제한다.

② 피부와 털에 윤기를 부여하고 수분 증발을 억제한다.

③ 모공의 중간 부분에 위치한다.

(2) 종 류

① 진피층에 위치하며 하루 평균 1~2g을 피지 모공으로 내보낸다.

② 모공이 각질이나 먼지로 막혀 피지가 외부로 배출이 안 되면 여드름의 원인이 된다.

③ **큰 피지선** : 얼굴의 T-zone 부위, 두피, 등, 가슴

④ **독립 피지선** : 입술, 눈가

⑤ 작은 피지선 : 전신
⑥ 무 피지선 : 손, 발바닥

2. 한선(땀샘)

(1) 역 할

① 기능 : 신장의 기능을 보조, 체온을 조절, pH를 유지한다(pH 5.5).
② 구성 성분 : 수분 99%, NaCl, K, 요소, 단백질, 지질, 아미노산 등이다.
③ 진피층에 위치 : 전신에 200~500만 개 정도 분포한다.
④ 분비량 : 성인의 경우 700~900cc/일

(2) 종 류

① 에크린선(소한선, Ecrine Gland)
  ㉠ 일반적인 땀을 분비하는 기관이다.
  ㉡ 진피층에 위치하며 200~400만 개의 작은 땀샘이다.
  ㉢ 입술을 제외한 전신에 분포되어 있다.
  ㉣ 땀의 산도는 pH3.8~5.6으로 99%가 수분으로 이루어져 있다.
  ㉤ 무색, 무취이다.

② 아포크린선(대한선, Apocrine Gland)
  ㉠ 사춘기 이후 발달하여 기능을 시작하고, 갱년기 이후 기능이 저하된다.
  ㉡ 세균으로 산도가 높아지면 냄새가 심해진다.
  ㉢ 모공을 통해 분비되며, 겨드랑이, 대음순, 항문 주위, 유두, 배꼽 주변, 두피에 분포되어 있다.
  ㉣ 흑인, 백인, 동양인 순으로 체취가 발생한다.
  ㉤ 정신적인 스트레스의 영향을 받는다.
  ㉥ 흰색이다.
  ㉦ 액취증과 관련이 있다.

땀의 이상 분비
- 다한증 : 국한적 다한증, 전신적 다한증, 미각 다한증, 후각 다한증 등 땀의 과다 분비
- 소한증 : 갑상선 기능 저하, 금속성 중독, 신경계통 질환이 원인
- 무한증 : 땀 분비가 되지 않는 현상(피부병의 원인)
- 액취증 : 암내, 한선의 내용물이 세균으로 인하여 부패되면서 악취 발생
- 한진(땀띠) : 한선의 입구나 중간이 폐쇄되어 배출되지 못해 발생

3. 손톱과 발톱(조갑)

① 표피성의 반투명한 각질 세포이다.

② 손, 발의 끝 부분을 보호하며 받침대, 장식의 도구로서의 역할을 한다.

③ 하루에 0.1mm가량 자라고 완전 교체까지는 5~6개월 정도 소요된다.

4. 모발(털)

(1) 기 능

① 피부에 있는 탄력적이고 강한 각화물(케라틴으로 구성)이다.

② 두께는 약 0.005~0.6mm이다.

③ 긴 털과 솜털은 신체 보호와 체온 조절의 역할을 한다.

④ 짧은 털은 먼지와 땀으로부터 신체를 보호한다.

⑤ 장식과 미용의 효과가 있다.

(2) 종 류

① 긴 털(장모) : 두발, 수염, 음모, 액와모

② 짧은 털(단모, 경모) : 눈썹, 속눈썹, 코털, 귀 털

③ 털이 없는 곳 : 손바닥, 발바닥, 입술

④ 모발의 성장 주기 : 성장기 → 퇴행기 → 휴지기 → 탈모기(발생기)

⑤ 종류 : 직모(동양인의 90% 이상), 파상모(백인), 축모(흑인)

⑥ 털의 색

　㉠ 검은색(멜라닌 색소를 많이 함유)

　㉡ 금색(멜라닌 색소가 적고 크기가 작음)

　㉢ 붉은색(멜라닌 색소에 철 성분 함유)

　㉣ 흰색(유전, 노화, 영양 결핍, 스트레스, 내분비계의 영향)

⑦ 털의 이상 증상 : 조모증, 다모증, 탈모증, 무모증, 백모증 등

⑧ 털은 크게 모간부와 모근부로 나뉘며 모표피, 모피질, 모수질, 모유두, 모낭, 입
　모근, 모구로 구성

4 기 능

1. 보호·방어 기능(표피층)

① 물리적 자극에 대한 보호 작용 : 각질층을 두껍게 하여 보호한다.
② 화학적 자극에 대한 보호 작용 : 중화 능력(피부 표면에 항상 일정하게 약 pH5.5
로 유지하고 있으나, 외적 자극에 의해 pH가 일시적으로 균형을 잃더라도 다시
돌아오는 능력이 있다.)
③ 세균에 대한 보호 작용 : 약산성 – 박테리아 성장 억제
※ pH5.5의 산성 피지막으로 인해 박테리아의 성장을 억제한다.
④ 광선에 대한 보호 작용 : 케라틴과 멜라닌이 보호 역할

2. 감각·지각 기능(진피층)

통각(유두층), 온각(망상층), 압각(망상층), 냉각(망상층), 촉각(유두층)

3. 체온 조절의 기능

① 항상성을 유지해 준다.
② 한선 : 발한을 통해서 온도를 유지한다.
　　예 체온 조절을 위해 모공이 확장된다.
　　　 모세 혈관을 통해 인체 내부의 온도를 유지한다.
　　　 자율적으로 열을 발산하기 위해 혈관을 확장시키므로 홍조를 띤다.

4. 영양분 교환 기능

① 피부는 신체의 신진대사 활성화를 위하여 물질 전환의 역할을 한다.
② 자외선의 영향으로 프로비타민 D를 비타민 D로 활성화시킨다.

5. 저장 기능

① 표피층과 진피층은 수분을 포함해 영양물질들을 저장한다.
② 피하 조직의 지방은 우리 신체 중 가장 큰 저장 기관이며, 수분과 영양분을 저장
한다.

6. 흡수 기능

① 피부는 호흡 시 1% 정도의 산소를 흡수한다.

② 외부의 온도를 흡수하고 감지한다.

③ 표피를 통해 흡수한다(피부에 가장 많은 양이 흡수되는 경로 : 모공을 통한 흡수).

④ 피부 부속 기관을 통해 흡수한다(모공, 한선을 통하여 모낭벽, 피지선, 한선을 거쳐 진피 흡수).

⑤ 강제로 흡수한다(흡수되기 힘든 물질은 전기 기기를 이용한 이온화 요법에 의한 흡수 가능).

7. 재생 기능

① 피부 조직의 복구 능력에 의해 세포 재생 작용을 하여 상처를 치유한다.

② 털이 많은 부위는 털이 적은 부위에 비해 재생력이 높다.

③ 기저층이나 진피층에 손상을 받으면 재생력이 떨어지므로 흉터가 발생한다.

8. 분비 기능

피부는 피지선에서 피지를 분비하고 한선에서 땀을 분비하여 피부 표면에 약산성 막을 형성한다.

9. 표정 작용

① 30여 개의 근육의 움직임으로 내면의 감정 상태를 표시한다.

② 반복적으로 사용한 근육은 주름 형성과 인상을 결정한다.

③ 피부색의 변화로 감정이 표현된다.

10. 면역 작용

면역 담당 세포인 랑게르한스 세포가 담당한다.

11. 호흡 작용

폐 호흡의 1% 정도는 피부 호흡을 한다.

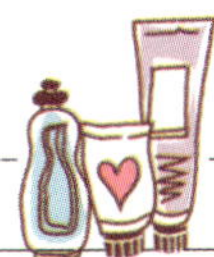

5 피부의 장벽

1. 정 의

피부는 항상 유해한 외부 환경에 접하고 있는 기관으로 인체를 보호하는 중요한 역할을 담당하고 있다. 피부의 기능으로 체온 조절의 기능, 감각 인지 기능, 면역 기능 등이 있는데, 그중 가장 중요한 기능 중의 하나는 피부 장벽(Skin Barrier)으로서의 기능이다. 또한 피부는 화학적·물리적인 자극이나 기계적인 자극, 미생물학적 장벽에 대한 기능을 담당한다.

2. 각질층의 구조

피부의 장벽은 피부의 가장 바깥층에 존재하는 각질층이 그 기능을 담당하고 있다. 즉, 각질층은 수분과 전해질의 손실을 막는 역할을 함으로써 표피의 건조화를 억제하고 피부의 대사 활동을 원활하게 할 수 있도록 하며, 세균이나 바이러스와 같은 외부 유해한 인자로부터 피부를 보호하는 중요한 역할을 한다.

각질층은 단백질 40%, 수분 40%, 그리고 10~20%의 각질 세포 간 지질에 의해 나타나게 된다. 각질 세포 간 지질의 다중 층상 구조가 가장 중요한 역할을 하며, 특히 각질층은 수분 손실을 막아주며 외부 이물질의 경피 피부 흡수를 조절한다.

각질 세포는 벽돌 모양의 구조를 이루는데, 지질 다중층이 형성되어 수분 증발에 대한 장벽 역할을 수행하게 된다. 그러나 각질 세포 간 지질만으로는 수분 손실에 대한 장벽 역할을 할 수 없고, 각질 세포 간 지질의 다중층과 각질 세포 간의 정확한 결합이 필수적이다.

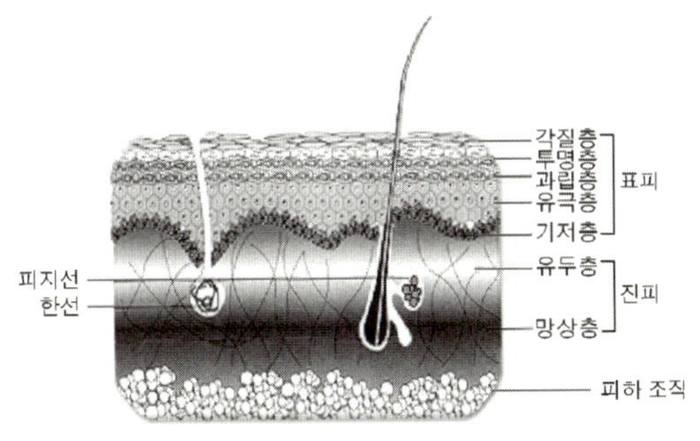

[그림] 각질층의 구조

3. 표피 지질의 종류

(1) 피지의 생성

피부 표면 지질은 크게 피지선에서 분비되는 피지와 각질 세포 간 지질로 구분할 수 있다. 표피 표면 지질 중 왁스 에스테르(Wax Ester), 스쿠알렌(Squalene), 중성 지질과 콜레스테롤 등이 피지선에서 유래한다. 피지에는 지방산이 함유되어 있는데 피지 성분 중 트리글리세리드는 모유두에 기생하는 세균에서 분비하는 지질 분해 효소인 리파아제(Lipase)에 의해 유리 지방산과 모노글리세리드(Monoglyceride), 디글리세리드(Diglyceride)로 분해된다.

피지선은 인체 피부의 거의 전 부분에 분포하고 있으며, 특히 머리, 이마, 얼굴의 중앙 부위 이외에 등과 가슴 부위에 많이 존재한다.

그리고 각질 세포 간 지질은 케라티노사이트(각질형성세포)가 표피의 기저층에서 각질층으로 각화되는 과정에서 생성된다.

(2) 피지의 분비

피지의 분비는 남성 호르몬의 영향을 받는 것으로, 사춘기에 주로 많아진다. 특히, 테스토스테론(Testosterone), 디하이드로테스토스테론(DHT, Dihydrotestosterone)과 같은 호르몬이다.

4. 표피 지질의 기능

각질층은 단백질로 이루어진 각질 세포와 세라마이드, 콜레스테롤, 자유 지방산과 같은 다양한 지질로 이루어져 있다. 즉, 각질 세포와 라멜라 구조(Lamella Structure)를 나타내는 각질 세포 간 지질이 연속적인 층(Intercellular Lamella Sheets)을 이루고 있다. 각질층의 구조는 벽돌 모양(각질 세포)과 그 사이의 시멘트(각질 세포 간 지질)의 구조로 되어 있다.

각질 세포는 주로 케라틴으로 구성되어 있으며, 피부의 구조적 안정과 탄력성에 관여한다. 그러나 세라마이드, 콜레스테롤, 자유 지방산 등의 각질층의 세포 간 지질은 직선적으로 잘 연결되어 있어 수분과 친수성 물질의 투과를 억제하는 훌륭한 장벽 기능을 하고 있다.

02 피부 분석

1 목적

　고객의 정확한 피부 관리를 위해서 현재 피부 상태를 정확하게 분석하고 진단하는 데 목적이 있다.

2 방법

1. 견진

　육안 또는 확대경, 우드램프를 이용하여 피부를 판별하는 방법으로, 피부의 조직, 모공의 크기, 여드름 정도, 피부의 민감성, 혈액 순환 상태 등의 피부 관련 문제를 판독하는 방법이다.

2. 촉진

　피부를 만져봄으로써 피부의 조직, 탄력도, 수분 상태, 각질화 상태 등을 파악할 수 있는 방법이다. 그러나 분석자에 의한 주관적인 의견이 들어갈 수 있는 단점이 있다.

3. 문진

　고객에게 질의응답을 통하여 피부 타입을 판독하는 방법이다. 고객의 현재 직업, 알레르기 유무, 질병 상태, 사용 화장품, 식습관, 기호 식품, 생활 습관 등을 통해 피부 상태를 파악할 수 있다.

[그림] 견진

[그림] 촉진

[그림] 문진

차트 작성

- 고객의 차트 기재를 통하여 관리 내용과 피부 상태의 변화를 매회 파악하고, 기록하여 지속적이고 효과적인 관리를 위한 자료로 이용하는 방법이다.
- 피부과용 차트

CHART

성명	홍길순	생년월일	1982년 3월 19일	전화번호	
주소					
나이		직업		방문경로	
질병유무	□ 유	□ 무	질병내용		

DATE	TREATMENT	NEXT CARE	SIGN
11.1.17	P : 환자의 소리		
	O : 원장님 말씀		
	D : 진단 결과		
	T : 치료		
	REC : 구체적인 치료내용		

- 차트 작성의 예

DATE	TREATMENT	NEXT CARE	SING
11.1.17	P : 얼굴에 기미가 있고 잡티를 제거하고 싶다.		
	O : 6회 정도 치료 받는다.		
	D : 자외선으로 인해 기미가 생김		
	T : 레이저토닝과 시너지 레이저를 동시 치료		
	REC : 레이저 토닝을 하기 전에 피부를 건강하게 만들기 위해서 전처치 관리 후 레이저토닝과 시너지 레이저를 6회 받고 재생관리 6회		
	전처리 관리 1회		
	클렌징 - 딥클렌징 - 순환마사지 - 비타민이온토 - 2차 마스크	레이저토닝 + 시너지 1회	홍길순

3 피부 타입

1. 정상 피부(Normal Skin)

(1) 정 의

피부의 피지선과 한선의 기능이 정상적인 상태로 수분량과 유분량이 적절하게 분포되어 있으며, 피부 조직의 상태와 피부의 생리 기능이 모두 정상적인 활동을 하고 있는 가장 이상적인 피부 상태를 의미한다.

(2) 특 징

구 분	특 징
수분량	• 세안 후 당김이나 조임의 느낌이 없다.
유분량	• 모공이 작고 거의 보이지 않으며, 유분량이 적당하여 번들거림이 없다.
표 피	• 표피의 두께가 적당하다.
탄력도	• 탄력이 있다.
피부색	• 색소 침착이 없으며, 피부색이 맑다.
기 타	• 피부 결이 곱고 섬세하며 윤기가 있고, 피부 표면이 매끄러우며, 깨끗하게 보인다. • 만지면 부드럽고 유연하다. • 피부의 pH가 4.5~5.5의 약산성 상태가 유지된다. • 화장품의 적응력이 좋다. • 세균에 대한 저항력이 있어 쉽게 트러블이 나지 않는다. • 오랫동안 화장의 상태가 유지된다.

2. 건성 피부(Dry Skin)

(1) 정 의

각질층의 수분이나 진피의 수분이 부족한 상태이거나 또는 수분량과 유분량이 모두 부족한 피부 상태로, 특히 표피의 각질층 수분량이 10% 미만으로 떨어진 피부 상태를 의미이다.

(2) 종 류

① **표피성 수분 부족** : 각질층의 수분량이 부족한 타입으로, 피지선의 활동을 정상화시킴으로써 예방할 수 있다.

② **진피성 수분 부족** : 유분량은 정상이나 진피의 수분 함유량이 감소되는 타입으로, 진피의 콜라겐, 엘라스틴, 기질 등의 성분을 정상화시킴으로써 예방할 수 있다.

(3) 특 징

구 분	특 징
수분량	• 수분량이 부족하여 각질이 쉽게 들뜬다. • 세안 후 당김의 느낌이 강하다.
유분량	• 유분량이 부족하여 피부의 수분을 유지하지 못한다.
표 피	• 일반적으로 표피의 두께가 얇다.
탄력도	• 탄력이 저하되어 있다.
기 타	• 일반적으로 모공이 작아 피부 결이 섬세하다. • 피지선과 한선의 기능이 원활하지 못하다. • 피부의 저항력이 약하여 모세 혈관이 쉽게 확장된다. • 주름의 발생이 빠르다.

(4) 원 인

① 강한 알칼리 제품(비누 등)의 사용

② 과도한 냉·난방 환경(특히 건조하거나 더운 환경)

③ 태양(지나친 햇빛)

④ 날씨의 변화(바람)

⑤ 수분 섭취 부족

⑥ 자연적인 노화 현상

3. 지성 피부(Oily Skin)

(1) 정 의

　모공이 넓고, 피지가 과다하게 분비되는 타입으로, 특히 얼굴의 T-zone 부위에 피지선이 발달되어 있는 피부 상태를 의미한다. 일반적으로는 남성이 여성보다 피지선의 분비가 많다.

　피지 과다 분비가 원인으로서 피부가 알칼리화 될 가능성이 높으며, 세균의 번식이 쉬워 여드름을 유발하기 쉬운 피부 타입이다.

T-zone
이마, 콧등, 턱 중앙 부분을 가리킨다.

U-zone
양 볼 부분을 가리킨다.

(2) 종 류

① 유성 지루

ⓐ 피부 표면의 피지량이 많고, 피지막이 두꺼운 피부이다.

ⓑ 피부의 산성막 균형이 파괴되어 pH가 낮아져 피부의 저항성(면역력)이 낮아진 피부이다.

② 건성 지루

ⓐ 피지선의 기능은 증가하고, 한선의 기능은 감소되어 수분이 부족해 보이는 피부이다.

ⓑ 표피에 윤기가 있으나 수분이 부족하여 심하게 당김을 느끼는 피부이다.

(3) 특 징

구 분	특 징
유분량	• 모공이 확장되어 있으며 넓다. • 피지 분비가 왕성하여 피부의 번들거림이 심하다.
표 피	• 과도한 피지량의 분비로 인하여 표피가 두껍다.
탄력도	• 건성 피부에 비하여 좋은 편이다.
피부색	• 과도한 피지량으로 인해, 피부가 탁해 보인다.
기 타	• 피부 결이 거칠다. • 건성 피부에 비하여 잔주름은 없으나, 주름이 생기기 시작하면 깊고 굵은 주름이 생기기 쉽다. • 화장이 잘 받지 않으며, 쉽게 지워진다. • 코메도(comedo)와 구진이 발생하기 쉽다.

4. 복합성 피부(Complex, Combination Skin)

(1) 정 의

얼굴에 두 가지 이상의 피부 타입이 동시에 존재하는 피부 상태를 의미한다.

(2) 종 류

① 민감 복합성 피부 타입 : T-zone 부위의 피지량이 분비가 많으며, 부분적으로 염증을 동반한다.

② 건성 복합성 피부 타입 : 수분량과 유분량의 균형이 맞지 않는 피부 타입으로, 특히 피부가 얇은 뺨이나 눈 주위가 더욱 건조하게 나타나며, 계절이나 외부 조건에 따라 건성 피부로 바뀌기 쉬운 피부 타입이다.

(3) 특 징

구 분	특 징
수분량	• 일반적으로 U-zone 부분이 건조하여 세안 후 당김의 느낌이 있다. • 눈가에 잔주름이 생기기 쉽다.
유분량	• 일반적으로 T-zone 부분에 모공이 크고 유분량이 많다.
기 타	• 피부의 유분량과 수분량의 균형이 맞지 않다. • 염증을 동반하기도 한다.

5. 예민 & 민감성 피부(Sensitive Skin)

(1) 정 의

쉽게 붉어지고, 트러블이 나타나는 피부 상태를 의미하며, 외부 자극(계절 등)에 쉽게 자극 받고 변화되는 피부이다.

(2) 특 징

구 분	특 징
수분량	• 세안 후 당김의 느낌이 강하다. • 건조성 피부이다.
표 피	• 각질 조각이 쉽게 떨어진다. • 모세 혈관이 확장되어 있다. • 표피가 얇아 투명해 보인다.
피부색	• 피부의 색소 침착이 되기 쉽다.
기 타	• 계절이나 외부의 자극에 의해 쉽게 피부색이 변한다.

6. 노화 피부(Aging Skin)

(1) 정 의

피부의 탄력도가 감소되어 처져 있는 피부 상태로, 피부 표면이 거칠고, 잔주름과 굵은 주름이 있는 피부 상태를 의미한다.

건성 피부 상태에서 발전된 피부 상태이다.

(2) 종 류

종 류	현 상
표피 노화	• 기저층의 영양분이 감소된다. • 피지선과 한선의 수축으로 보습력이 감소된다. • 각화 주기의 불규칙한 현상으로, 각화 주기가 늦어져서 각질의 층이 많아진다. • 일반적으로 교체율은 30세 이상 시에 30~50% 감소된다. • 신진대사 저하로 인한 혈액 순환 장애, 랑게르한스 세포(면역 세포)가 감소된다. • 천연 피지막이 손실되고 수분이 손실되어 주름이 형성된다. • 표정근의 작용으로 눈가, 입가 위주로 주름이 형성된다. • 단백질 부족 시 피부 윤택이 저하되고, 주름이 발생한다.
진피 노화	• 교원 섬유(Collagenous Fiber)의 붕괴, 탄력 섬유(Elastin)의 파괴, 히알루론산(Hyaluronic Acid)의 감소, 세망 섬유(Reticular Fiber)의 감소가 주요 원인이 된다. • 진피의 두께가 얇아진다. • 혈액 순환이 감소된다.

(3) 특 징

구 분	특 징
수분량	• 수분량이 급격하게 감소한다.
유분량	• 피지량이 급격하게 감소한다.
표 피	• 각질층의 수분 저하로 표피가 얇다.
탄력도	• 진피층의 콜라겐과 엘라스틴의 저하로 탄력이 감소한다.
피부색	• 멜라닌의 탈락이 원활하지 못하여 색소 침착이 두드러진다. • 검버섯 등 색소 침착이 나타난다.
기 타	• 랑게르한스 세포의 감소로 피부 면역력이 저하된다.

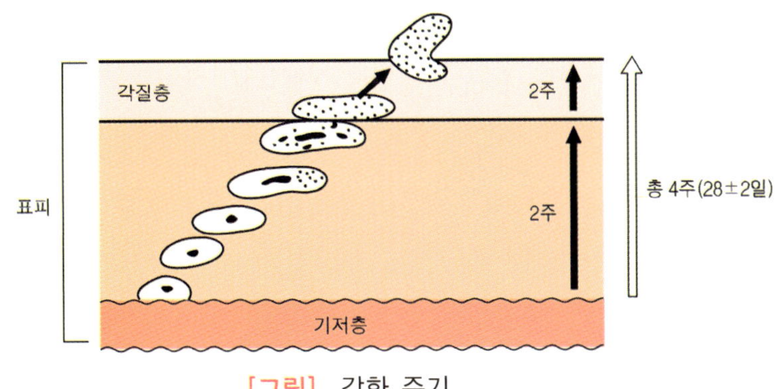

[그림] 각화 주기

④ 기기 분석

1. 목 적

피부 미용 기기를 이용하여 피부의 상태를 정확하게 분석하는 데 사용한다.

2. 종 류

(1) 확대경(Magnifying Lamp)

① 피부 분석 시 미세한 부분까지 볼 수 있도록 불빛을 내어 확대해 주는 기기로, 일반적으로 육안의 3.5~5배율을 이용하여 육안 판별이 어려운 색소 침착, 면포, 잔주름 등의 상태를 알아볼 수 있는 기기이다.

② 기기에 램프가 부착되어 있어서 반드시 아이패드를 고객의 눈 위에 올린 후에 램프(불)를 켜서 사용한다.

③ 여드름을 짤 때 효과적으로 사용할 수 있다.

④ 테이블에 고정시키거나 벽에 고정시키는 종류도 있으나, 가장 일반적으로는 이동이 가능한 스탠드형 모델이 사용되고 있다.

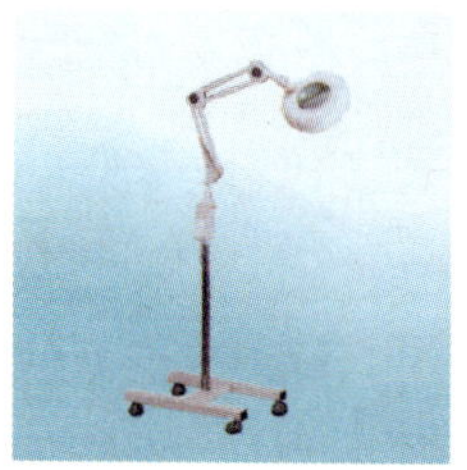

[그림] 확대경

(2) 우드램프(Wood Lamp)

① 미국의 내과 의사인 로버트 윌리엄 우드(Robert Williams Wood)가 피부의 상태를 진단하기 위하여 사용, 발전시킨 기기이다.

② 인공 자외선을 이용하여 피부 상태를 측정하며, 피부의 보습 상태, 민감도 상태, 피지량, 여드름 정도, 염증, 색소 침착 등의 상태가 다양한 색상으로 표현된다.

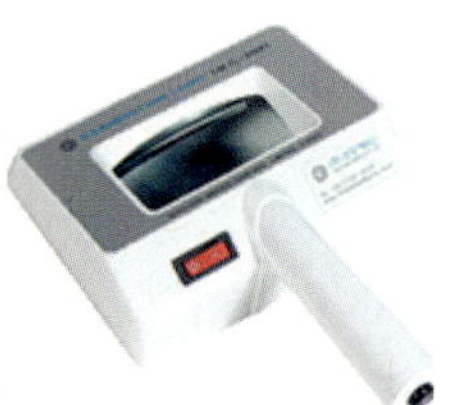

[그림] 우드램프

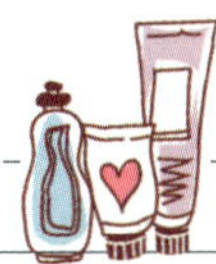

피부 상태별 우드램프의 색상 표

피부 상태	우드램프 반응 색상
두꺼운 각질(노화된 각질)	흰색
정상 피부	파란빛이 도는 흰색
수분 부족 피부	자주색 (또는 밝은 보라색)
예민 & 모세 혈관 확장 피부	짙은 보라색
지성 피부, 여드름, 피지	오렌지색
비립종	노란색
색소 침착(점 등)	암갈색

(3) 유·수분 측정기

유분량 측정은 얼굴의 T-zone 부위를, 수분량은 U-zone(볼) 부위를 측정한다.

수분 측정기의 원리

물은 절연성이 높기 때문에 축전지의 용량에 영향을 끼치는데 피부의 수분 함유도가 변해서 절연성에 변화가 생기면 축전지의 변화한 용량을 전자 작용으로 감지하여 결과를 LCD 표시판에 나타낸다.

(4) pH 측정기

피부의 pH는 피부 상태와 산성화 정도를 나타내 주는 수치로 그 유지가 매우 중요하며, 측정 시에는 온도 20~22℃, 습도 40~60% 정도의 환경 조건이 적절하다.

(5) 모니터 피부 분석기(Dermascope)

피부와 두피, 모발의 상태를 일반적으로 80~200배율로 관찰할 수 있는 기기이다.

(6) 마이크로스코프(Microscopy, 스킨스코프)

마이크로필름으로 피부를 60배로 확대하여 사진을 찍어 관리 전후를 비교하여 피부 상태를 분석할 수 있으며, 피부 분석 시 고객과 관리사가 동시에 피부 상태를 확인할 수 있는 장점이 있다.

3. 주의 사항

피부 분석기기를 사용할 시에는 반드시 세안 후에 사용하는 것이 중요하다.

메디-에스테티션을 위한
메디컬 스킨케어

PART 3

메디-에스테틱 장비

1 원자의 구조

모든 물질은 전기적 성질을 가지고 있으며, 전기적 성질은 전자의 수에 의하여 성격을 결정짓는다. 우주에는 약 100여 종류의 서로 다른 원소들이 존재한다. 각 원소들이 서로 결합하여 우리 주위의 다양한 물질들을 형성하며, 각 물질들은 매우 다양한 특성을 지니게 된다. 즉, 우주의 모든 물질들은 전자, 양성자, 중성자 세 종류의 결합으로 이루어진다.

원자(Atom)란 원소의 성질을 가지고 있는 가장 작은 부분으로 화학 반응에 의해 더 이상 쪼갤 수 없는 최소 단위이다. **예** 수소(H), 산소(O), 탄소(C) 등

(1) 원자핵(Atomic Nucleus)

① **양성자**(Proton) : 양(+)의 전기를 띠고 있으며, 양성자의 수가 원자 번호이다.
② **중성자**(Neutron) : 전기적으로는 중성이며, 원자의 질량수를 결정한다.

(2) 전자(Electron)

① 음(−)의 전기를 띠고 있으며, 핵 주위에 위치한다.
② 원자핵의 주위를 도는 전자의 수는 무거운 원자일수록 많으며, 제일 가벼운 수소(H)는 전자의 수가 1개, 가장 무거운 납(Pb)은 전자의 수가 82개이다.
③ 원자 번호＝양성자 수＝전자 수
④ 원자핵과 전자는 서로 끌어당기면서 궤도를 이루고 있고, 원자의 크기에 따라 하나 또는 여러 개의 전자 궤도가 존재한다.

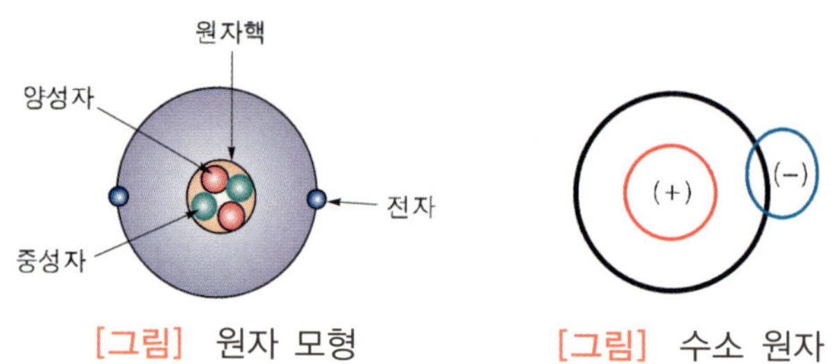

[그림] 원자 모형   [그림] 수소 원자

② 분 자

 분자(Molecule)란 두 개 이상의 원자가 일정한 형태로 결합한 것으로, 화합물의 가장 작은 단위이다. 예 $H + H^- \rightarrow H_2$

③ 이 온

 이온(Ion)이란 전자의 활동으로 전자의 개수가 늘거나 줄어들면 전기적으로 중성인 원자가 전기를 띠게 되는 상태를 의미한다.

 이온 결합은 양이온과 음이온의 정전기적 인력에 의한 결합으로, 전자를 잃기 쉬운 금속 원소와 전자를 얻기 쉬운 비금속 원소 사이에 잘 이루어진다. 예 $Na + Cl \rightarrow NaCl$

　① 양이온(Anion) : 원자가 전자를 잃어버리면, 양(+)전하를 띠는 양이온이 된다.

　② 음이온(Cation) : 원자가 전자를 받아들이면, 음(−)전하를 띠는 음이온이 된다.

④ 전 기

 전기(Electricity)는 영국의 물리학자 톰슨(Thomson)이 1890년에 처음으로 연구하였다. 톰슨은 아주 미세한 입자를 발견하고, 이 미세한 입자가 광(빛)을 내거나 열을 낸다는 것을 알게 되었다. 톰슨은 바로 이 미세한 입자를 전자(Electron)라고 하였다. 즉, 전기란 전자가 한 원자에서 다른 원자로 이동하는 현상이다.

 전자는 (−)극에서 (+)극으로 이동하며, 전하는 물질을 구성하는 입자가 띠고 있는 전기로, 전기 현상의 원인이다.

전기 단위의 종류

종 류	단 위
전압의 측정 단위	볼트(Voltage)
전류의 측정 단위	암페어(Ampere)
전기 저항의 단위	옴(Ohm)
전력의 단위	와트(Watt)

> ### 주파수(Frequency)
> 1초 동안 움직이는 주파 사이클(Cycle)의 수로, 1초당 전자파의 방향이 바뀌는 수를 의미한다.
> 단위는 Herz(헤르츠)이다.
>
> ### 도체, 절연체, 반도체의 차이
> - 도체(Conductor) : 전류가 흐르기 쉬운 물체이다. 예 금속
> - 절연체(Insulator) = 부도체(Non-conductor) : 전류가 흐르기 어려운 물질이다.
>   예 에보나이트, 유리, 대리석, 고무 등
> - 반도체 : 20C 후반 인간이 만들어낸 물질로 도체와 절연제의 중간 정도의 전류가 흐르는 물질이다.
>   순수하게 정제된 실리콘이나 게르마늄에 적당한 양의 인(P)이나 붕소(B)를 첨가하여 결정을 만들면
>   인이나 붕소 원자는 이동하기가 쉬운 성질로 인하여 마이크로(Micro) 크기로 전류의 흐르기를 조
>   절할 수 있다.

⑤ 전 류

전도체를 따라 움직이는 (−)전하를 지닌 전자의 흐름이다.

1. 직류 전류(DC, Direct Current)

전류의 흐르는 방향이 시간의 흐름에 따라 변하지 않으며 한쪽 방향으로만 이동하는 전류의 흐름을 말하며, 갈바닉 전류(Galvanic Current)라고도 한다.

2. 교류 전류(AC, Alternating Current)

전류의 흐르는 방향과 크기가 시간의 흐름에 따라 주기적으로 변하며, 빠르고 단속적인 전류의 흐름이다. 교류 전류의 종류에는 정현파 전류, 감응 전류, 격동 전류 등이 있다.

(1) 정현파 전류(Sinusoidal Current)

대표적인 피부 미용 적용 전류로, 안면 관리 시 근육의 물리적 수축을 일으키며, 시간의 흐름에 따라 방향과 크기가 대칭적으로 변하는 전류이다.

종 류	주파수	효 과
저주파	1~1,000Hz	근육 수축, 물리 치료, 운동 효과
중주파	1,000~10,000Hz	
고주파	100,000Hz 이상	열 발생 효과, 혈액 순환

(2) 감응 전류(Induced Current, 감전 전류)

전자기 유도 법칙에 따른 유도 기전력에 의해 회로에 흐르는 전류로, 시간의 흐름에 따라 방향과 크기가 비대칭적으로 변하는 전류이다.

(3) 격동 전류(Surging Current)

전류의 세기(강약)가 순간적으로 변하는 전류로 주파수에 따라 차이가 있으며, 통증 관리와 매뉴얼 테크닉 효과 등의 목적을 위해서 주로 사용되는 전류이다.

02 메디-에스테틱 기기

1 안면 미용 관리

1. 스킨 스크러버

초음파의 기계적 에너지를 이용하여 피부에 전달시켜 진동이 피부 표면에 가압과 감압으로 미세한 운동을 가하게 되는 작용으로 초음파 진동의 변화로 효과를 얻는 기기이다.

[그림] 스킨 스크러버

(1) 사용 방법

순 서	특 징
시작 전 준비	• 고객을 편하게 눕힌다. • 클렌징 후 시행한다. • 물과 거즈(또는 솜)를 준비한다.
시술 과정	• 기기의 전원을 켠다. • 거즈에 물을 묻혀 얼굴에 도포한 후, 스킨 스크러버 기기를 적용한다(물의 적용과 기기의 적용을 계속 반복한다). • 스킨 스크러버 기기는 약 45°로 기울여 사용한다. • 턱에서 시작하며, 얼굴을 반씩 나누어 시술한다. • 기기 적용 시간은 10분을 넘기지 않도록 한다. • 관리가 끝나면 전류를 '0'으로 먼저 맞추고 난 후에 기기를 얼굴에서 떼어낸다.
마무리	• 기기의 전원을 끈다. • 사용한 기기는 소독하여 보관한다.

(2) 효 과

① 딥클렌징 효과(피부 세정)

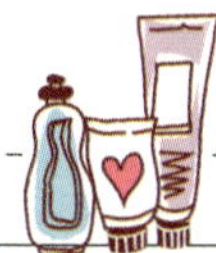

② 리프팅 효과(잔주름 완화)

③ 색소 침착 완화(기미, 주근깨 등 완화)

④ 세포 재생 효과

⑤ 피부 영양 공급 효과

(3) 주의 사항

① 초음파 변환기와 피부 사이에 공기가 개재된 상태에서 초음파 기기를 작동해서는 안 된다.

② 피부의 돌출된 부분 또는 불규칙한 부위에는 주의해서 사용해야 한다.

③ 근육이나 피부의 피로를 초래할 수 있으므로, 강한 진동수의 초음파를 장시간 사용해서는 안 된다.

④ 수용성 젤을 사용해야 한다.

(4) 관리(시술) 부적용자

① 심장병 혹은 인공 심장 부착 환자

② 수술 직후(수술 6개월 정도 경과 후 사용)

③ 성형 수술 환자(1년 경과 후 사용 가능)

④ 생리 중, 피부병, 고혈압, 뇌경색, 열이 심한 경우

⑤ 전염성 질환이 있는 경우

⑥ 임신부

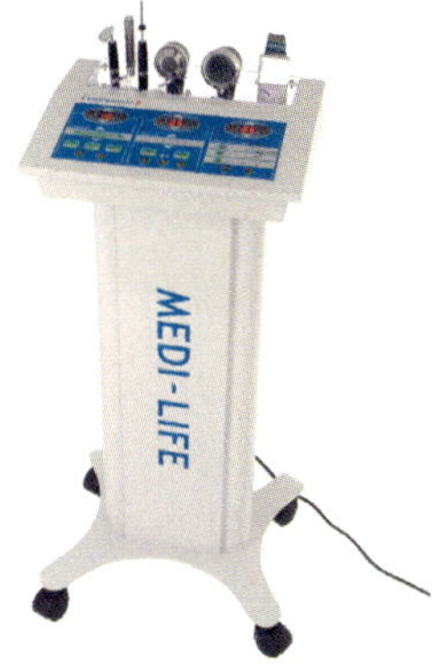

[그림] 피부종합기

2. 갈바닉 기기

갈바닉 기기는 18C 중엽 이탈리아의 의학자이자 물리학자였던 루이지 갈바니(Luigi Galvani)가 발견한 생물 전기(생체전기)의 원리를 이용해서 만들어낸 미용 기기이다.

(1) 이온토포레시스(Iontophoresis, 이온 영동법)

피부에 활성(유용) 물질을 침투시키는 작용을 하는 기기로, 직류 전류이다.

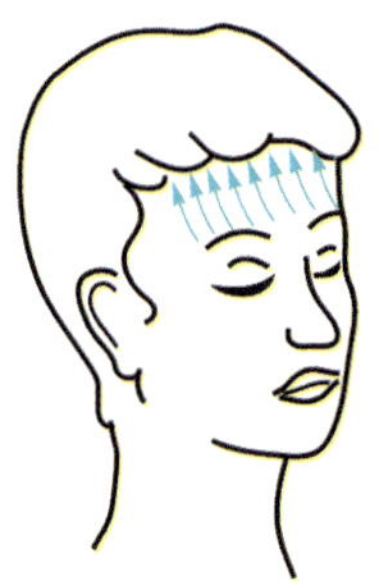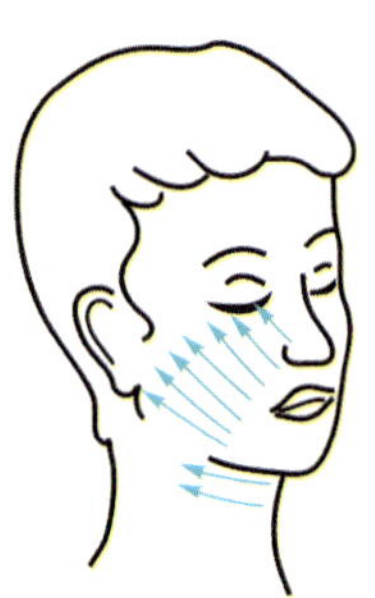

[그림] 이온토포레시스 음극봉 & 활동봉　　　[그림] 이온토포레시스 활동 방향

① 사용 방법

순 서	특 징
시작 전 준비	• 고객을 편하게 눕힌다. • 전극봉은 미리 물에 젖은 거즈 또는 솜을 이용하여 핀셋 봉에 말아준다. • 젖은 거즈나 해면을 이용하여 전극봉을 고객의 손에 쥐어준다. 　(고객이 잠들어 있는 경우에는 승모근 위치에 전극봉을 대어 준다.) • (+)물질(앰플 등)을 피부에 고르게 펴 바른다.
시술 과정	• 기기의 전원을 켠다. • 얼굴에 기기의 롤러나 핀셋 봉을 댄 후에 가장 낮은 전류 레벨의 시작 버튼을 누른 후, 얼굴에 부드럽게 문지르기 시작한다. • 적당한 압을 이용하여 눈, 콧구멍, 입 등을 주의하여 움직인다. • 강도 조절 시에는 한 단계씩 올린다. • 기기 적용 시간은 10분을 넘기지 않도록 한다. • 관리가 끝나면 전류를 '0'으로 먼저 맞추고 난 후에 기기를 얼굴에서 떼어낸다.
마무리	• 기기의 전원을 끈다. • 사용한 기기는 소독하여 보관한다.

② 효과

　㉠ 유효 성분을 피부 깊숙이 침투시킨다.

　㉡ 콜라겐의 합성을 촉진한다.

　㉢ 혈액 순환을 원활하게 한다.

③ 주의 사항

　㉠ 전극봉을 고객의 얼굴에 댄 후 전원을 켠다.

　㉡ 피부가 청결한 상태에서 사용한다.

　㉢ 보통 따끔거림이나 작은 경련 등을 느낄 수 있으며 무반응인 경우도 있다.
　　사용 중 고객이 따끔한 감각을 느끼면 전류의 강도를 단계별로 내려준다.

예민한 부위(눈, 코, 입 주위)에는 바셀린을 도포 후 시술한다.

④ 관리(시술) 부적용자

　㉠ 열이 나고 있거나 신체가 허약한 경우

　㉡ 얼굴 면도 직후 또는 선탠 직후

　㉢ 전기 충격에 굉장히 약한 경우

　㉣ 고혈압, 저혈압인 경우

　㉤ 당뇨병이 있는 경우

　㉥ 전염성 피부 질환 또는 피부 염증 질환이 있는 경우

　㉦ 심장병이 있는 경우

　㉧ 수술 직후

　㉨ 임신부

　㉩ 교정기 보철물이 있는 경우

(2) 디스인크러스테이션(Disincrustaion)

　모낭 내 피지를 유화시키는 과정으로 알칼리 용액으로 죽은 각질을 제거하고 피지를 분해하는 기기이다. 이 단계에서는 고객의 손에 양극을 쥐게 하며, 고객의 피부 위로 음극이 적용하게 된다.

① 사용 방법

순 서	특 징
시작 전 준비	• 고객을 편하게 눕힌다. • 딥클렌징 단계에서 적용한다.
시술 과정	• 기기의 전원을 켠다. • 피지량이 많은 T-zone 위주로 관리하며, 피부 위에 기기를 대고, 스위치를 켠 후 전극을 올리면서 관리를 시작한다.

순 서	특 징
	• 알칼리 용액으로 피부를 가볍게 적시고, 피부에 (−)극을 적용하여 모공이 열리게 하여 알칼리 용액이 피부 속으로 침투되도록 한다. • 적당한 압을 이용하여 강도 조절 시에는 한 단계씩 올린다.
시술 과정	• 기기 적용 시간은 10분을 넘기지 않도록 한다. • 관리 후에는 해면으로 용해된 피지와 노폐물을 깨끗하게 닦아준다. • 안면에 용해된 피지와 노폐물 제거 후에는 다시 새로운 솜을 이용하여 (+)극을 적용하여 열린 모공을 닫아준다. • 관리가 끝나면 전류를 '0'으로 먼저 맞추고 난 후에 기기를 얼굴에서 떼어낸다.
마무리	• 기기의 전원을 끈다. • 사용한 기기는 소독하여 보관한다.

② 효과

[표] 갈바닉 전류의 극의 효과

음극(−), 알칼리 반응, 아나포레시스(Anaphoresis)	양극(+), 산 반응, 카타포레시스(Cataphoresis)
알칼리성 물질 침투	산성 물질 침투
신경 자극	신경 안정
활성화 작용	진정 작용
혈액 공급 증가	혈액 공급 저하
모공 & 한선 확장	모공 & 한선 수축
피부 조직 이완	피부 조직 강화
모공 세정 & 피지 용해	염증 예방

③ 주의 사항

㉠ 시술 전 반드시 고객에게 관리 시의 찌릿한 느낌을 알려주어야 한다.

㉡ 일반적으로 피지량이 많은 얼굴의 T-zone(이마 & 코) 부위에 적용한다.

㉢ 디스인크러스테이션은 딥클렌징 단계로, 시작 전에 클렌징을 해야 한다.

④ 관리(시술) 부적용자

㉠ 피부염

㉡ 과도하게 예민한 피부

㉢ 심한 모세 혈관 확장 피부

㉣ 고혈압이나 당뇨 환자

㉤ 인공 심장 박동기 착용자나 금속 이식 수술자

㉥ 수술 환자나 상처가 있는 사람

㉦ 임신부

3. 초음파(Ultrasonic wave, Ultra sound, Sonophoresis)

초음파는 주파수 2MHz 이상의 음파로, 사람의 귀로는 느낄 수 없는 소리이다. 초음파 미용 기기는 압전 세라믹을 사용하여 매초 100만(1MHz) 회의 마이크로 진동을 일으킨다.

[그림] 초음파 핸들

음파

어떤 물체가 앞뒤로 매우 빠르게 움직일 때 생기며, 그 진동이 공기 분자 사이로 물결처럼 퍼져나가 우리의 귀에 들리게 되는 소리를 의미한다. 진동 폭이 클수록 큰소리이며, 진동이 빠를수록 높은 음이 된다.

압전 세라믹

압력(물리적인 힘)에 의하여 전기가 발생하고, 반대로 전기가 주어졌을 때 기계적인 힘(진동)으로 상호 변환된다.

(1) 사용 방법

순 서	특 징
시작 전 준비	• 고객을 편하게 눕힌다. • 고객의 안면에 초음파 전용 제품(젤)을 도포한다.
시술 과정	• 기기의 전원을 켠다. • 피부 위에 기기(초음파 도자)를 대고, 스위치를 켠 후 전극을 올리면서 관리를 시작한다. • 초음파 도자를 얼굴의 중앙에서 바깥 방향으로 가볍게 밀어주듯이 적용한다. • 적당한 압을 이용하여 강도 조절 시에는 한 단계씩 올린다. • 기기 적용 시간은 10분을 넘기지 않도록 한다. • 관리가 끝나면 전류를 '0'으로 먼저 맞추고 난 후에 기기를 얼굴에서 떼어낸다.
마무리	• 기기의 전원을 끈다. • 사용한 초음파 도자의 이물질을 제거 후 소독하여 보관한다.

(2) 효 과

① 세포 재생

② 피부의 수분 흡수 용이

③ 신진대사 촉진

④ **온열 효과** : 진동에 의한 마찰열이 피부 온도를 0.5~1℃ 정도 상승시키며 피부의 4~5cm 밑까지 침투하여 혈액과 림프의 흐름을 좋게 함으로써 영양 공급이 원활해진다.

⑤ **세정 효과** : 노폐물들을 배출함으로써 피부를 맑게 한다.

⑥ 지방 분해 효과

(3) 주의 사항

① 고객의 금속 및 액세서리를 제거한다.

② 피부에 알레르기, 발진, 습포 등 이상 반응이 나타나는 경우에 사용을 중지한다.

③ 규정된 횟수를 초과하지 않도록 한다.

④ 상처 부위, 심장 근처, 성형 부위, 머리 부위에는 사용하지 않는다.

(4) 관리(시술) 부적용자

① 염증, 상처가 있는 사람

② 인공 심장 박동기 착용자, 금속 이식 수술자

③ 혈전증, 심장 질환자, 전염성 피부 질환이 있는 사람

④ 눈꺼풀과 안구 주위, 두피 부위, 출혈성 부위, 성대 부위에는 사용하지 않는다.

② 전신 관리 기기

1. 엔더몰로지(Endermologie)

1970년대 후반 프랑스 LPG Endermologie 社의 Louis Paul Guatay에 의해서 두 개의 밀착 롤러(음압 : 흡입(suction), 양압 : 굴리기(rolling))를 이용하여 손으로 마사지를 하는 것과 같은 효과를 내는 기기로 개발되었다.

특히 진공 음압과 양압에 의해 피부 조직을 당겨주며 특수 롤러가 지방 세포 및 주변 조직과 셀룰라이트를 흡착하여 지방의 연소를 돕고 피부 탄력을 만들어 아름다운 바디라인을 만들어 준다.

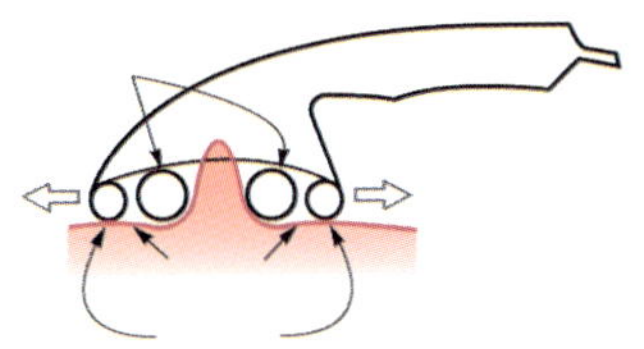
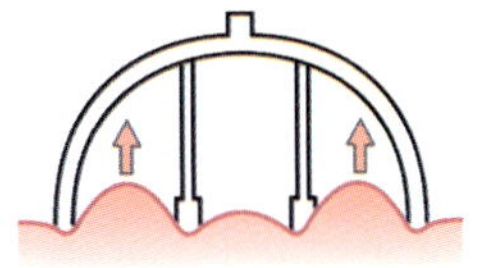

[그림] 롤러의 진공 음압, 양압의 원리

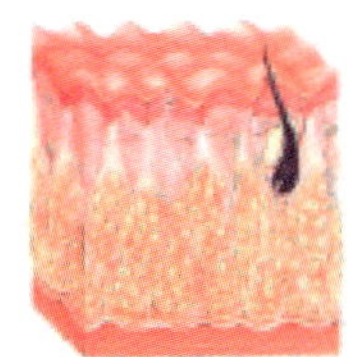
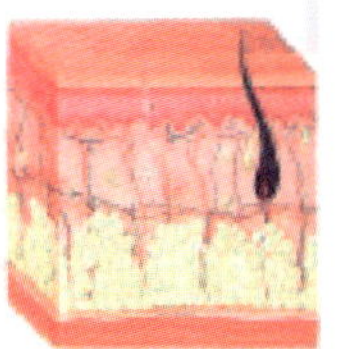

[그림] 피하 지방과 셀룰라이트

(1) 사용 방법

순 서	특 징
시작 전 준비	• 고객을 편하게 눕힌다. • 체형 관리 전용 제품을 도포한다. 또는 전용복(타이즈)을 입는다.
시술 과정	• 기기의 전원을 켠다. • 처음 관리 시에는 약한 압으로 시작하여 점차 압의 세기를 높여준다. • 말초에서 시작하여 심장 방향으로 적용한다. • 관리 시 총 시간은 30~40분 정도 적용하며, 주 2~3회 정도 실시하는 것이 좋다. • 관리가 끝나면 전류를 '0'으로 먼저 맞추고 난 후에 기기를 바디에서 떼어낸다.
마무리	• 기기의 전원을 끈다. • 사용한 기기는 소독하여 보관한다.

(2) 효 과

① **슬리밍 효과**(셀룰라이트와 지방 감소) : 지방을 둘러싸고 있는 섬유질을 분해하고 지방의 연결 고리를 끊어줌으로써 혈액 순환을 원활히 하고, 분해된 지방을 림프로 배출시킴으로써 슬리밍 효과를 준다.

② **피부 결 완화** : 울퉁불퉁한 셀룰라이트가 분해되어 피부 결이 매끄러워진다.

③ 피부 탄력 증가

④ 혈액 순환 증가

⑤ 부종 완화

⑥ 흉터 완화

(3) 주의 사항

① 뼈, 관절, 정맥류, 모세 혈관 부위는 피하여 시술한다.

② 압의 세기, 적용 방향을 주의하여 시술한다.

③ 유분이 과도하게 함유된 제품의 사용은 자제한다.

(4) 관리(시술) 부적용자

① 염증이나 상처 부위가 있는 사람

② 피부가 민감한 사람

③ 일광 화상이 있는 사람

④ 임신부

2. 석션기(Suction, Vacuum Machine)

석션기는 유리컵(벤토즈)을 이용하여 피부의 혈액 순환과 림프의 흐름을 원활하게 해주는 기기이다.

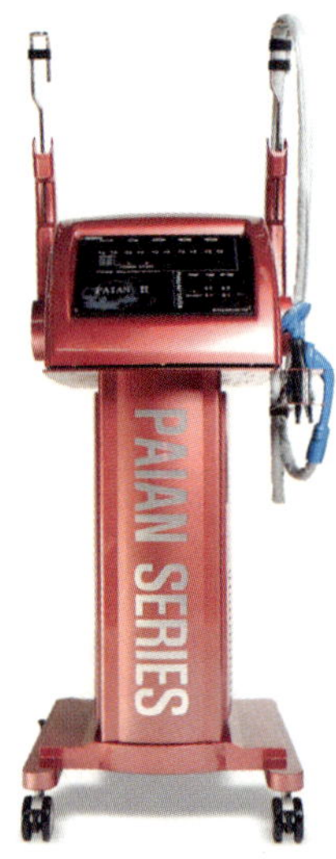

[그림] 엔더몰로지

(1) 사용 방법

순 서	특 징
시작 전 준비	• 고객을 편하게 눕힌다. • 체형 관리 전용 제품을 도포한다.

순 서	특 징
시술 과정	• 기기의 전원을 켠다. • 처음 관리 시에는 약한 압으로 시작하여 점차 압의 세기를 높여준다. • 말초에서 시작하여 심장 방향으로 적용한다. • 관리 시 총 시간은 30~40분 정도 적용하며, 주 2~3회 정도 실시하는 것이 좋다. • 관리가 끝나면 전류를 '0'으로 먼저 맞추고 난 후에 기기를 바디에서 떼어준다.
마무리	• 기기의 전원을 끈다. • 사용한 기기는 소독하여 보관한다.

(2) 효 과

① 혈액 순환의 증진

② 신진대사 촉진

③ 독소 배출

④ 림프 순환 증진

⑤ 체지방 감소 효과(셀룰라이트 완화)

⑥ 부종 완화

(3) 주의 사항

① 얼굴 사용 시 너무 많은 양의 크림이 있지 않도록 한다.

② 석션의 방향은 림프 흐름에 맞추어 적용한다.

③ 석션이 깨져 있거나 금이 있는지 매회 적용 전에 확인한다.

④ 피부 조직의 20% 이상을 끌어올리지 않도록 한다.

⑤ 사용 후 석션기를 깨끗이 소독한다.

(4) 관리(시술) 부적용자

① 피부에 멍이 든 부위가 있는 사람

② 베이거나 상처가 있는 사람

③ 피부병 등 피부에 문제가 있는 사람

④ 정맥류가 있는 사람

⑤ 모세 혈관 확장 부위가 있는 사람

⑥ 일광 화상이 있는 사람

⑦ 심장 질환, 당뇨병, 간질이 있는 사람

⑧ 과도하게 피부가 민감한 사람

3. 중·저주파

저주파 기기는 1~1,000Hz 이하의 전류를 사용하고, 중주파 기기는 1,000~10,000Hz
의 전류를 이용하는 전신 관리 기기이다.

[그림] 중·저주파

(1) 사용 방법

순 서	특 징
시작 전 준비	• 고객을 편하게 눕힌다. • 체형 관리 전용 제품을 도포한다.
시술 과정	• 기기의 전원을 켠다. • 처음 관리 시에는 약한 압으로 시작하여 점차 압의 세기를 높여준다. • 말초에서 시작하여 심장 방향으로 적용한다.
시술 과정	• 관리 시 총 시간은 30~40분 정도 적용하며, 주 2~3회 정도 실시하는 것이 좋다. • 관리가 끝나면 전류를 '0'으로 먼저 맞추고 난 후에 기기를 바디에서 떼어낸다.
마무리	• 기기의 전원을 끈다. • 사용한 기기는 소독하여 보관한다.

(2) 효 과

① 슬리밍 효과(셀룰라이트 분해)

② 근육의 탄력 증가

③ 혈액 순환 증가

(3) 주의 사항

① 패드 적용 시 정확한 근육의 위치에 부착한다.

② 고객의 상태에 따라서 강도를 서서히 조절한다.

③ 식사 30분 전후로는 시술을 적용하지 않는다.

(4) 관리(시술) 부적용자

① 금속 이식 수술자

② 인공 심장 박동기 착용자

③ 혈전성 정맥 질환자

④ 신경 질환, 간질, 심한 림프 장애를 가지고 있는 사람

⑤ 암이나 종양이 있는 사람

⑥ 임신부

4. 고주파(High Frequency)

1MHz(100,000Hz) 이상의 높은 교류 전류로, 진동 폭이 매우 짧은 전류이다.

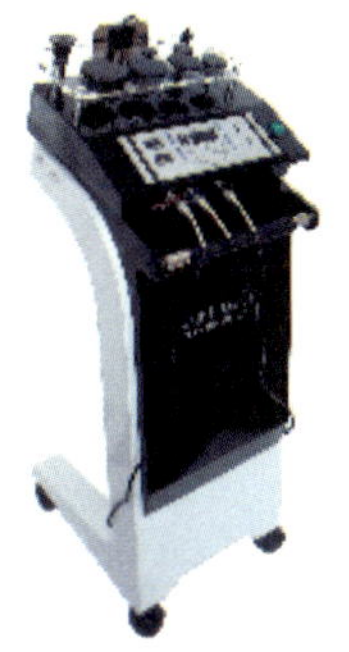

[그림] 고주파

(1) 직접법

① 관리사가 전극을 쥐고 고객의 피부 위에 직접 적용하는 방법으로, 지성 피부와 여드름 피부에 살균 작용의 효과를 줄 수 있다.

② 고주파를 아르곤(Ar) 혹은 네온(Ne)가스가 들어 있는 유리 전극에 통과시키면 보라색 빛이 발생한다. 전극봉에 공기가 들어 있으면 자색, 네온가스가 들어 있으면 오렌지색, 수은이 들어 있으면 푸른 자색의 자외선이 발생하는 기기이다.

③ 사용 방법

순 서	특 징
시작 전 준비	• 고객을 편하게 눕힌다. • 얼굴에 거즈를 올린다.
시술 과정	• 기기의 전원을 켠다. • 유리 전극을 얼굴에 대고 전류의 세기를 한 단계씩 올려 적용한다. • 적당한 압의 세기로 얼굴에 작은 원 모양으로 굴려주며 적용한다. • 눈가와 입가 주변을 주의하고, 코 주변은 세심하게 적용한다. • 고객이 불편해 하면 전류를 낮춘다. • 관리 적용 시간은 10분을 넘기지 않도록 한다. • 관리가 끝나면 전류를 '0'으로 먼저 맞추고 난 후에 기기를 얼굴에서 떼어낸다.
마무리	• 기기의 전원을 끈다. • 사용한 기기는 소독하여 보관한다.

(2) 간접법

고객이 전극을 쥐고 있는 방법으로 마사지를 적용한다. 피부에 적당한 자극을 주어 건성, 노화 피부에 효과적이고, 리프팅 효과를 준다.

① 사용 방법

순 서	특 징
시작 전 준비	• 고객을 편하게 눕힌다. • 고객의 등에 전극 판을 댄다. • 고객의 얼굴이나 바디에 고주파 전용 크림을 도포한다.
시술 과정	• 기기의 전원을 켠다. • 고객이 불편해 하면 전류를 낮춘다. • 관리 적용 시간은 10분을 넘기지 않도록 한다. • 관리가 끝나면 전류를 '0'으로 먼저 맞추고 난 후에 기기를 얼굴에서 떼어낸다.
마무리	• 기기의 전원을 끈다. • 사용한 기기는 소독하여 보관한다.

② 효과

㉠ 직접법 : 살균 효과(스파킹에 의해 박테리아 제거로 여드름 피부에 효과적)

㉡ 간접법

• 짧은 진동 폭으로 인한 심부열 효과

• 신진대사 증가(조직의 온도가 상승하여 혈액 순환의 원활)

• 내분비선 계통의 활동 증가

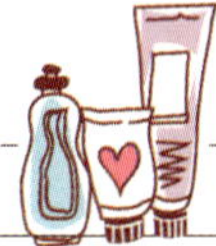

- 미백 효과(안색 완화)
- 세포의 활성화로 피부 재생력 증가
- 노화 방지(콜라겐 생성 유도)
- 셀룰라이트 감소와 지방 연소

③ 주의 사항

㉠ 눈가, 입가 등의 부위는 마사지를 적용하지 않는다.

㉡ 고객이 불편해 하면 전류를 낮춘다.

㉢ 일렉트로드(Electrode, 전기)와 플레이트(Plate, 전극판)와의 접촉을 금지한다.

㉣ 전류가 흐르는 곳이나 전기 장판 등 뜨거운 곳 위에서 사용을 금지한다.

㉤ 신체와 일렉트로드 및 플레이트와의 불완전한 접촉을 금지한다.

㉥ 관리 부위와 밀착 상태를 유지한다.

㉦ 출력을 올린 상태에서는 멈춰 있지 않는다.

㉧ 일렉트로드를 장시간 떼어놓을 경우 반드시 전원을 '0'으로 조정한다.

㉨ 금속 물체 착용을 금지한다.

㉩ 고객과 관리자와의 신체 접촉을 금지한다.

㉪ 열감이 매우 강하므로 고객의 느낌을 확인하면서 강도 조절을 적용한다.

④ 금기 사항

㉠ 인체 내 금속 물질을 삽입한 경우

　　　예 치아 보정기, 보철기, 인공 심장기 등

㉡ 임신부나 임신 가능성이 예상되는 경우

㉢ 상처나 수술 등으로 출혈이 있는 경우

㉣ 고혈압 환자인 경우

㉤ 급성 염증, 혈관종, 갑상선 비대증, 기관지 천식 등의 질환이 있는 경우

㉥ 생리 중인 경우

㉦ 악성 종양이 있는 사람

㉧ 정맥류가 있는 사람

심부열 발생 원리

고주파의 전기 에너지가 가해지게 되면 세포 내 양이온과 음이온이 전기적 극성 변화에 의해 이온 간 마찰 현상을 극복하는 과정에서 조직을 구성하는 분자들이 진동하게 되어 서로 마찰이 일어나 회전 운동과 충돌 운동에 의해서 생체열 에너지가 만들어져 심부열이 발생하게 된다.

심부열

인체 내에서 발생하는 열을 말한다.

생체열

생체 스스로 내는 열을 말한다.

심부열원과 외부열원의 차이

우리의 피부가 외부열원으로부터 가열되면 피부는 열로부터 인체를 보호하기 위하여 방어벽(Barrier Zone)을 쳐 인체 내부를 36.5℃를 유지하도록 하는 방어 기전을 발동시켜 심부로의 열전달이 이루어지지 않는다.

+ +++++++++++++	각질층 : pH4.5~6(약산성, H+)	피부 보호막
– –––––––––––––––	기저층 : pH7.2~7.3(약알칼리, OH–)	(Barrier Zone)

- **외부열원**

  피부 표면의 모세 혈관이 확장되고 상대적으로 정맥과 동맥은 수축되어 내부의 혈액 순환을 방해한다. 피부 주변 온도가 7~8℃ 상승 시 피부 수분의 손실률이 두 배에 달하게 되어 피부의 탈수·건조로 탄력이 저하되고, 노화가 촉진된다.

- **심부열원**
  - 피부의 열 저항 상승 없이 혈관(정맥 및 동맥)을 확장시킨다.
  - 근육 조직 및 자율 신경이 이완(심신 관리)된다.
  - 국소 조직의 온도가 40~42℃ 정도 상승한다.
  - 얼굴 림프 순환 관리 및 수기 성형, 골 근막, 경락, 탈모 방지 등의 관리에 주·부 장비로 사용된다.
  - 혈관의 혈액 순환을 4~5배 증가시킨다.
  - 섬유성 교원 조직의 신장력은 조직 손상 없이 최고 5~10배 신장된다.
  - 관절 강직 및 불편함이 감소된다.
  - 근경축 및 통증 완화에 효과가 있다.

메디-에스테티션을 위한
메디컬 스킨케어

소독과 소독제

01 소 독

1 정 의

세균(박테리아)의 아포가 사멸되지 않는 과정으로 병원체의 생활력을 파괴시키고 감염력과 증식력을 제거하며 무생물체에만 적용된다.

소독제는 미국환경보호청(Environment Protection Agency, EPA)에서, 피부 소독제는 식품의약청에서 관리하고 있다.

멸균(Sterilization)
미생물의 포자(아포)까지도 강한 살균력으로 완전히 사멸시켜 무균의 상태로 만드는 것을 멸균이라 한다.

방부(Antisepis)
미생물의 발육과 그 생식을 저해시켜 부패나 발효를 방지시키는 것을 방부라 한다.

위생(Hygiene)
건강을 유지 및 증진시키기 위해 식품이나 기구들을 깨끗이 하는 것을 위생이라 한다.

2 방 법

1. 물리적인 소독법

(1) 건열 멸균법(Dry Heat Sterilization)

건열 멸균기에서 170℃ 정도 열을 이용하여 드라이 오븐에서 1~2시간 가열하여 미생물과 아포까지 완전히 멸균시킨다. 유리 기구, 주사침 등에 주로 사용한다.

① **화염 멸균법**(Flaming Sterilization) : 화염에 직접 접촉시켜 피멸균물의 표면에 붙어 있는 미생물을 태워서 멸균시키는 방법이다.

② **소각법**(Incineration) : 미생물에 오염된 가운, 수건 등 재생 가치가 없는 것을 불에 태워서 멸균시키는 방법이다.

(2) 습열 멸균법(Wet Sterilization)

끓는 물을 이용하여 멸균하는 방법으로 미생물의 단백질 응고가 촉진되어 멸균의 효과가 크다.

① **자비 멸균법**(Boiling Water Sterilization, 자비소독)
  ㉠ 100℃의 끓는 물에서 약 15~20분간 직접 담그는 방법으로 멸균한다.
  ㉡ 일반 세균만 사멸하며, 기구의 날 손상을 방지하기 위하여 붕소를 첨가한다.
  ㉢ 주사기, 의류, 금속 기구, 접시, 도자기, 주사기, 스테인리스 볼 등의 병원체를 사멸시킨다.
  ㉣ 소독 효과를 높이기 위해서는 반드시 100℃가 넘어야 하며, 석탄산과 크레졸을 2~5% 정도 첨가하면 소독 효과가 커진다.
② **저온 살균법** : 일반적으로 62~63℃에서 30분 정도 소독하는 방법이다.
③ **초고온 순간 멸균법** : 130~150℃에서 1~5초간 멸균하는 방법으로 유해 세균은 사멸되고 영양분의 손실은 없는 방법이다.
④ **고압 증기 멸균법** : 121℃에서 15~20분간 고온의 수증기로 멸균하는 방법이다.
⑤ **간헐(유통 증기) 멸균법** : 100℃로 하루에 한번씩 3일 동안 계속 가열함으로써 간헐적으로 멸균하는 방법이다.

2. 화학적 소독법

(1) 소독의 구비 조건

① 확실한 결과와 빠른 시간 내에 효과가 있어야 한다.
② 사용 방법이 간편하고 가격이 저렴해야 한다.
③ 인체에 해가 없어야 한다.
④ 소독하는 대상물이 손상을 입지 않아야 한다.
⑤ 용해성이 있어야 하고, 안전성이 있어야 한다.

(2) 소독제

① **알코올** : 70~75% 정도의 알코올 농도일 때 소독력이 있으며, 사용이 용이하고, 세균과 바이러스에 모두 효과적이다.
② **과산화수소** : 3% 수용액으로 무생물 표면이나 감염 위험도가 높지 않은 표면에 사용되었을 때 안정적이고 효과적인 소독제이다.
③ **베타딘** : 요오드가 세균을 불활성화시킨다.

④ **히비탄**(Chlorhexidine, 클로르헥시딘) : 병원성 미생물, 곰팡이, 상재성 세균에 효과가 있으나 바이러스에 대해서는 효과가 없다.

⑤ **셀라인**(식염수) : 염화나트륨 또는 보통의 염을 정제된 물에 녹인 용액으로 생리 식염수의 경우는 체액과 같은 농도로 만든 식염수를 말한다. 체액과 같은 삼투압이 되므로 환자의 주사용으로 쓰이며 콘택트렌즈 세척용으로도 사용된다.

화학 소독제의 사용 시 주의 사항
- 소독 약품의 농도 표시 및 규정된 농도의 사용
- 충분한 시간 동안 노출
- 소독 약병 및 용기의 세균 오염 방지
- 소독 약품의 올바른 폐기 방법

메디-에스테티션을 위한
메디컬 스킨케어

PART 5

메디-에스테틱 질환

1 여드름

피부에는 땀을 분비하는 땀샘과 기름을 분비하는 기름샘이 있다. 땀과 피지의 분비가 혼합되어 피부 표면에 약산성의 피지막을 형성한다. 이 피지막은 피부를 보호하는 보호막으로서 세균의 침입을 막아주고, 외부와의 접촉 시 피부를 보호해주는 역할을 하게 된다.

여드름은 피지가 과다하게 생성되고 모공의 입구를 표피의 각질이 막아 피지가 원활히 배출되지 못하여 발생되는 만성 피지선 염증 질환이다. 단순히 피지의 생성이 많다고 해서 발생하는 것은 아니고 모공의 입구를 구성하는 각질 세포가 모공의 입구를 막고, 모공 내 탈락된 각질 세포와 과다 분비된 피지가 모공 내에서 뭉쳐서 면포를 형성하게 되는 것이다. 이 상태를 비염증성 여드름이라고 하고, 세균에 의하여 모공 내 염증이 발생하면 염증성 여드름이라 한다.

1. 여드름의 원인

여드름이 발생하는 원인은 하나의 단독적인 원인에 의하여 발생하는 것이 아니라 여러 가지 원인이 복합적으로 작용하는 것이다.

(1) 호르몬

① 안드로겐(Androgen)은 사춘기에 분비되기 시작하여 남성의 성징을 나타내는 호르몬이다. 여러 종류의 안드로겐 중 테스토스테론은 대표적인 남성 호르몬으로 사춘기 때 남성의 고환에서 다량 분비되기 시작하며 여성의 경우도 난소와 부신에서 소량 생산된다.

② 분비된 테스토스테론이 혈중에 돌아다니다가 $5-\alpha-reductase$라는 효소에 의하여 디하이드로테스토스테론(DHT)이라는 호르몬으로 변환되는데, 이 DHT 호르몬이 피지선을 자극하여 피지 생산을 촉진시킨다. 안드로겐은 남성 호르몬이지만 부신과 난소에서도 분비되므로 여성에게도 여드름이 생기게 되나 증상이 경한 편이다.

③ 안드로겐뿐 아니라 여성 호르몬인 프로게스테론(Progesterone)도 여드름을 악화

시키는 원인 중에 하나이다. 여성 호르몬에는 대표적으로 에스트로겐(Estrogen)과 프로게스테론이 있다.

④ 뇌하수체 전엽에서 FSH라는 난포 자극 호르몬과 LH라는 황체 자극 호르몬을 분비한다. 이 성선 자극 호르몬은 난소에서 에스트로겐과 프로게스테론을 분비하게 하여 여성의 생리 주기를 조절하게 된다.

⑤ 여성의 경우 대략 생리 10일 정도 전에 악화되기 시작하여 생리 시작과 동시에 호전되는 경향을 보인다. 이는 황체 호르몬인 프로게스테론의 영향을 받는다고 추측할 수 있다. 생리 전 여드름과 임신 초기에 새로 발생하거나 악화되는 여드름은 프로게스테론이라는 호르몬이 증가하면서 피지 분비를 촉진하기 때문이다.

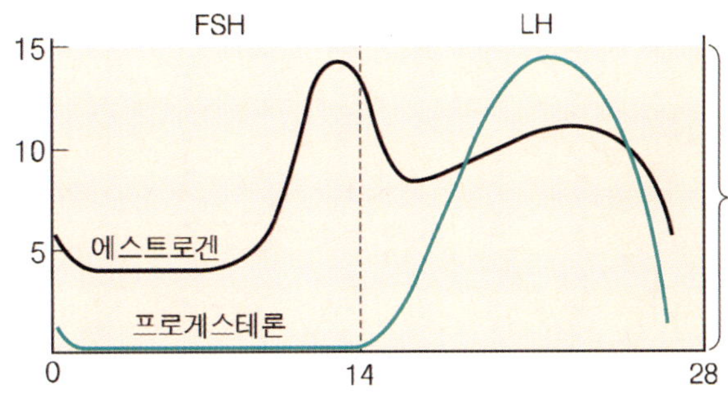

[그림] 생리 주기에 따른 여성 호르몬의 변화

(2) 유전적 요인(피부 타입별)

안드로겐이 모든 사람에게 피지 분비를 증가시킨다면 사춘기가 되면 모든 사람에게서 피지의 분비가 많아져야 한다. 그러나 사람에 따라 피지가 만들어지는 정도에 차이가 있다. 그것은 사람마다 안드로겐에 대한 피지선의 반응 정도가 다르기 때문이다. 즉, 지성 피부를 타고난 사람의 피지선은 같은 양의 안드로겐에 대해 건성이나 중성의 피부를 가진 사람보다 훨씬 더 민감하게 반응하여 피지의 분비량이 많아진다.

(3) 스트레스

우리 몸에서는 지나친 스트레스를 극복하기 위해 코르티솔(Cortisol)이라는 스테로이드 호르몬을 분비한다. 이 코르티솔이 안드로겐과 함께 분비되어 피지선을 자극하게 되어 여드름이 생기는 것이다.

(4) 월경과 임신

20~30대 이후에도 계속 여드름이 나는 경우는 생리 전이나 임신 초기에 피지 분비를 촉진시키는 프로게스테론의 영향 때문이다.

(5) 박테리아

① 여드름 균의 정식 명칭은 프로피오니박테리움(Propionibacterium)이다.
② 이 균은 산소를 싫어하는 혐기성 세균으로 모공 내에서 기생하며 모공 안에서 피지를 유리 지방산으로 분해한다.
③ 유리 지방산은 모낭벽을 파괴하고 염증을 일으킨다. 그 결과 발적과 농을 형성하며, 심하면 진피층까지 낭(囊)을 형성하여 여드름 흉터를 만든다.

(6) 모낭충

모낭충은 모낭에 살고 있는 벌레의 일종으로 정식 명칭은 'Demodex folliculorum'이다. 모낭충은 주로 T-zone 부위와 같이 모공이 큰 부위에서 기생하며 피지를 먹고 산다. 모낭충으로 인해 생기는 여드름은 주변 피부에까지 염증을 퍼트려 피부가 붉게 변할 수도 있고 심한 흉터를 남길 수도 있다.

(7) 외부 이물질

화장품의 사용 후 클렌징을 제대로 하지 않았을 때 모공의 입구를 막아 피지분비가 원활하지 못해 발생하는 여드름의 빈도가 높아지고 있다.

2. 여드름의 진행 과정

(1) 초기 단계

피지 분비량의 증가와 각질 세포의 비후 현상으로 모공 입구를 각질 세포가 막고 있는 상태이다.

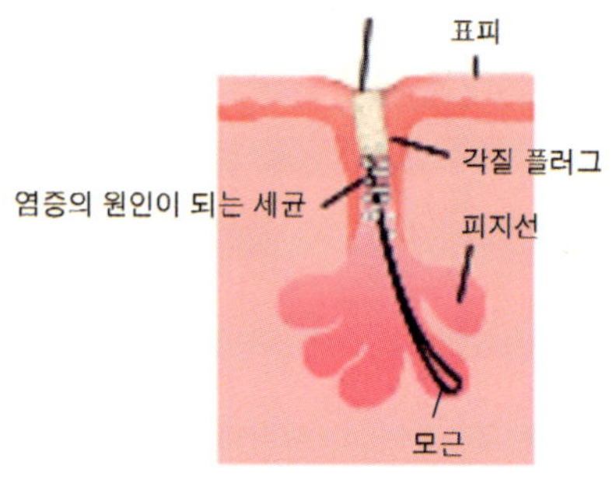

[그림] 여드름 초기 단계

(2) 초기 면포 단계(비염증성 여드름)

① 비염증성 여드름은 염증반응이 없는 상태를 말하며 검은색 여드름(열린 면포, Black Head, Open Comedo), 백색 여드름(닫힌 면포, White Head, Closed Comedo)이라 한다.

② 백색 여드름은 과잉 생성된 피지가 두터워진 각질로 인해 배출되지 못하고 고여 있는 상태로 피지의 농축으로 딱딱한 형태의 피지 덩어리를 형성하고 있다.

③ 시간이 지나 피지 덩어리의 일부가 밖으로 삐져나와 공기와 접촉하여 산화가 되면 검은색 여드름이 된다.

④ 백색 여드름과 검은색 여드름의 상태에서 프로피오니박테리움에 의한 염증이 발생하면 염증성 여드름으로 진행하게 되고, 염증성 여드름은 적절히 치료되지 않으면 여드름 흉터를 남기게 된다.

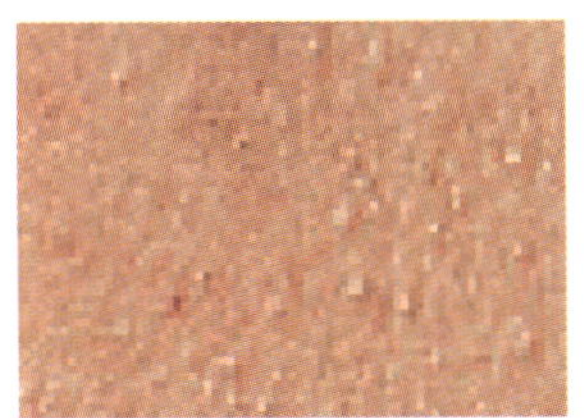

[그림] 백색 여드름(White Head)

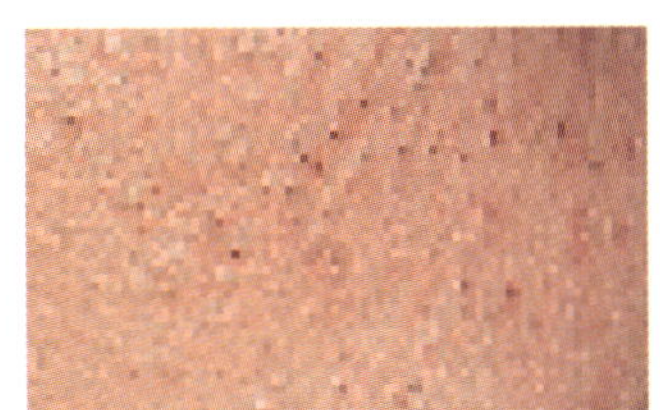

[그림] 검은색 여드름(Black Head)

(3) 초기 염증 단계(염증성 여드름) : 붉은 여드름 – 구진(Papule) 형성

① 면포 상태에서 모공 내의 혐기성 여드름균(P. *acnes*)은 리파아제(Lipase)라는 지방 분해 효소를 가지고 있다.

② 여드름균은 피지를 먹고 증식하며 피지의 주 성분인 트리글리세라이드(TG)를 글리세롤(Glycerol)과 유리 지방산(FFA)으로 분해한다. 이 유리 지방산이 모낭 벽을 손상시키면 체내 면역 반응에 의하여 백혈구 세포들이 모여들어 여드름균과 여드름 덩어리를 탐식하면서 피부가 화끈거리고 피부 표면이 붉게 솟아오르며 약간의 통증이 있는 상태로 된다.

③ 붉은 여드름의 모양을 '구진'이라 하며, 이 상태에서 짜게 되면 염증이 더 심해질 수 있으므로 짜지 않고 항생제 치료를 시행한다.

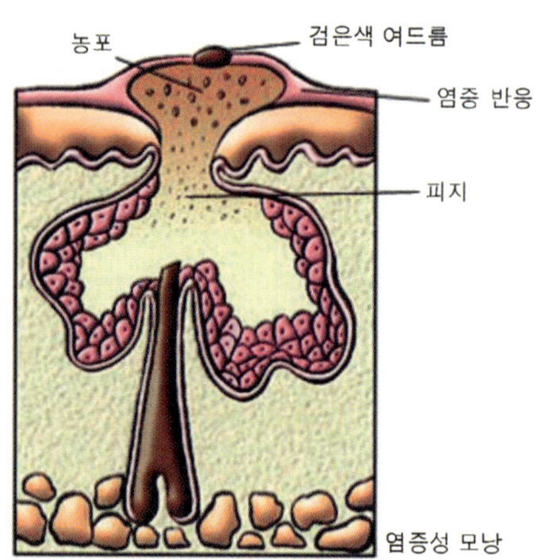

[그림] 염증성 여드름의 모식도

(4) 염증 심화 단계(화농성 여드름)

① 농포(Pustule), 결절(Nodule), 낭종(Cyst) 형성 등 붉은 여드름의 염증이 더욱 악화되면 말랑말랑한 주머니 모양의 고름(Pus)이 잡히는데, 이 상태를 농포라고 한다.

② 농포 내의 고름은 백혈구가 여드름균을 탐식 작용하여 만든 부산물로서 가운데 노르스름한 색을 띠고 있다. 이때 고름을 제거하고 처치를 잘 해 주면 흉터를 남기지 않고 치유될 수 있다.

③ 그러나 병변이 더욱 진행하여 모공 주변의 세포 손상이 계속 되면서 염증이 깊은 층으로 침투되어 결절 형태의 여드름으로 진행할 수 있다.

④ 이런 결절 형태의 여드름은 잘못 추출하게 되면 심한 여드름 흉터를 남기고 외용약을 발라도 침투해 들어가기 어렵기 때문에 반드시 전문의의 치료가 필요하다.

⑤ 낭종은 결절이 호전되지 않고 주변의 모공 벽까지 파열시켜 여러 개의 모공들에서 거대한 염증 반응이 동시에 발생하는 경우를 말한다. 보통 크기가 1cm 정도이고, 심한 여드름 흉터를 남긴다.

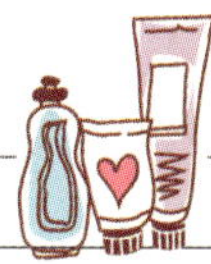

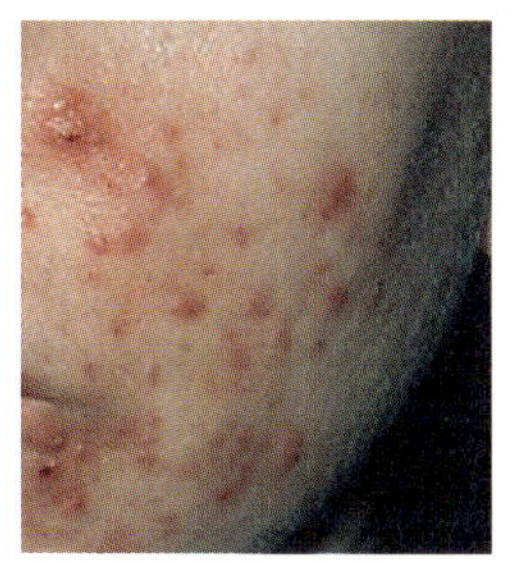

[그림] 구진

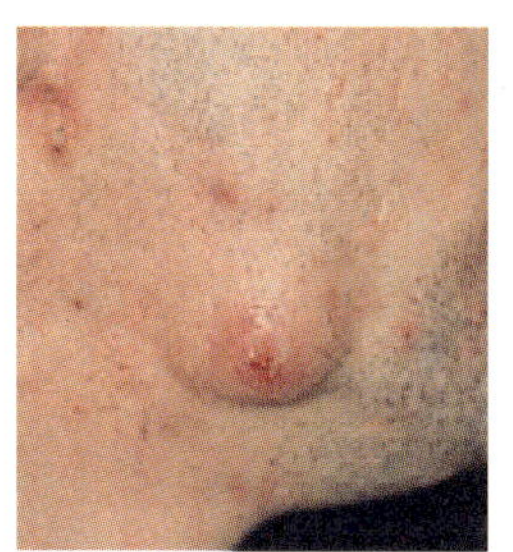

[그림] 낭종

[그림] 염증성 여드름의 조직 파괴 과정

(5) 여드름 흉터 : 정상적인 피부 조직의 파괴

① 염증성 여드름이 진행되면 모공 벽이 파괴되고 염증 반응이 오래도록 지속되면서 흉터가 생길 수 있는 확률이 점점 높아진다.

② 구진이나 농포 형태의 여드름에서 더 이상 진행되지 않고 인체의 정상 방어 기전인 백혈구 세포의 박테리아 공격만으로 여드름이 호전되면 큰 흉터를 남기지 않는다.

③ 그러나 유리 지방산의 증식과 더불어 주변 세포의 손상이 많아지면 모낭 벽뿐만 아니라 주변의 섬유질 세포들이 파괴되면 인체는 이를 복원시키기 위하여 섬유 모세포(Fibroblast)라는 세포를 통하여 새로운 콜라겐 섬유질을 증식하여 원래의 상태로 회복시킨다.

④ 이러한 과정 중에 콜라겐 섬유질들이 피부와 주변 조직의 유착을 일으키거나 과도하게 증식하여 여드름 흉터 자국을 남긴다.

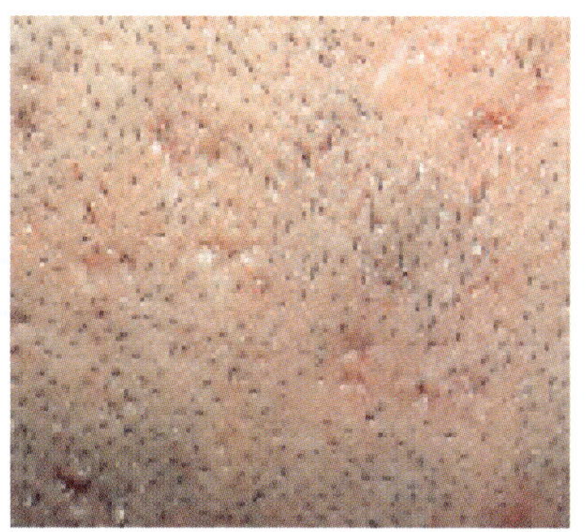

[그림] 움푹 패인 흉터

2 유발 원인에 따른 특이 여드름

(1) 화장품 여드름

여드름을 유발시키는 화장품은 기름 성분을 많이 함유한 크림 종류가 많다. 일부 자외선 차단제도 여드름을 유발할 수 있다. 지성 피부인 사람은 자외선 차단제 등 화장품에 'Non-Comedogenic(여드름이 생기지 않는)' 표시가 있는 제품을 선택한다.

(2) 비누에 의한 여드름

지나친 세안은 비누 속의 여드름 유발 물질로 인해 여드름을 더 악화시킨다.

(3) 약물에 의한 여드름

피지 분비가 많은 얼굴, 가슴, 등 부위 외의 다른 부위에 생긴다. 주로 딱딱한 구진이나 작은 고름이 잡히는 농포가 생긴다. 스테로이드 호르몬제와 일부 항생제, 결핵 치료제인 INH 등에 의해 생긴다.

(4) 계절성 여드름

① 계절성 여드름은 봄·여름철에는 악화되고 가을·겨울철에는 호전되는 경향을 보인다. 여름철에 피지와 땀이 분비되면 여드름균이 생성하고 번식하기 좋은 환경이 되므로 여드름이 심해진다.
② 기온이 내려가면 땀이나 피지 분비물이 줄어들어 일시적으로 여드름이 호전된다.
③ 겨울철에는 신진대사가 저하되기 때문에 각화주기가 둔해져 각질층이 두꺼워진다. 두꺼워진 각질층이 모공을 막아 여드름이 발생한다.

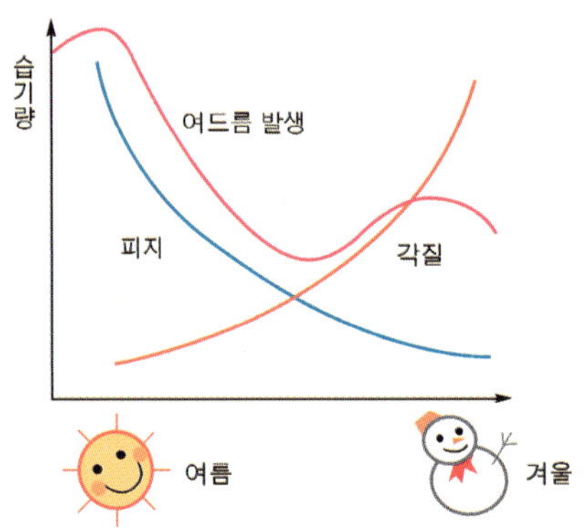

[그림] 계절성 여드름

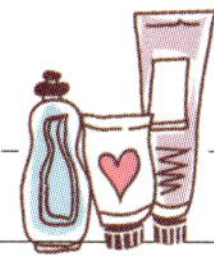

(5) 신생아 여드름

생후 4주 이내에 여드름 모양의 피부 발진이 얼굴에 나타난다. 이는 산모의 프로게스테론의 영향으로 신생아의 피지선을 자극하기 때문이다. 주로 남아에게서 잘 생기며 4~5주 이내에 자연 치유되므로 치료할 필요는 없다.

(6) 월경 전 여드름

프로게스테론 호르몬이 월경 1주일 전에 증가하면서 피지 분비를 촉진하므로 여드름이 심해지고 대체로 생리 시작과 함께 호전된다.

3 여드름 치료법 및 치료제

여드름의 치료는 여드름의 원인, 현재 단계에 따라서 적절한 치료 방법으로 치료되어야 합병증을 최소화하면서 치유할 수 있다.

1. 여드름 단계에 따른 치료법

(1) 초기 여드름(백색 면포, 검은색 면포)

① 면포를 압출한다. 손으로 짜면 조직이 손상되어 흉터를 남길 수 있다.
② 조직 손상 없이 압출할 수 있도록 레이저나 바늘 등으로 구멍을 내고 면포 압출기나 면봉을 이용하여 압출한다.

(2) 초기 염증 단계(구진)

① 염증이 시작되는 시기의 여드름으로 절대로 짜지 않는다.
② 경구용 항생제를 복용하거나 도포용 항균제인 벤질(Benzyl), 퍼옥사이드(Peroxide) 등을 적용한다.
③ 병변이 국소적인 경우 병변 부위 국소적 스테로이드 주사 요법이 효과적이다.

(3) 화농성 여드름 단계(농포, 결절, 낭종)

경구용 여드름 치료제인 항생제의 처방이 필요하다. 여드름 압출 시는 반드시 피부 소독을 충분히 하고 소독된 기구를 사용하며, 압출 후에도 2차 감염에 의한 흉터자국이 생기지 않도록 피부 소독을 충분히 한다.

2. 치료제

(1) 국소 도포 치료제

가장 일반적인 초기 여드름 치료로서 약을 먹는 치료보다 안전하고 경제적이다.

① 합성 비타민 A 연고(Retinoic acid, Tretinoin)

비타민 A의 유도체인 레티노이드는 피부 세포의 수용체와 결합하여 유전자 발현을 변화시켜 단백질 합성 및 세포 성장 및 분화 주기를 바꾼다.

※ 주요 기능

- 각질을 벗겨내어 막혀 있는 모공을 열어줌으로써 모낭 안에 번식해 있던 세균 증식을 억제하여 염증으로 발전하는 것을 막아준다.
- 면포성 여드름의 치료에 효과적이며 보통 0.01~0.05%의 크림이나 젤 형태가 사용된다.
- 농도가 높으면 약을 바른 부위가 붉어지거나 각질이 일어날 수 있으므로 처음에는 낮은 농도의 제품을 사용한다.

합성 비타민 A 연고의 기능

- 표피 세포의 각질화와 분화를 조절하여 표피 세포 간 결합력을 감소시키고, 세포 주기를 단축시켜 폐쇄성 면포(닫힌 면포, White head)가 개방성 면포(열린 면포, Black head)로 변화하여 면포 배출을 촉진시킨다.
- 모낭의 입구를 막고 있는 각화 물질을 제거하여 모공을 정화시켜 여드름 생성을 억제한다.
- 진피에서 콜라겐의 형성을 촉진하는 재생 작용이 있어 여드름 흉터 치유, 노화 피부 재생에 효과적이다.
- 피지 분비를 억제하기 때문에 여드름의 발생은 감소하지만 장기간 사용 시 피부 건조 등의 원인이 될 수 있다.
- 표피에서 멜라닌 분산이 촉진되어 색소 침착이 완화된다.
- 멜라닌 색소의 합성이 억제되어 색소 침착 방지에 효과적이다.

② 벤조일 퍼옥사이드(Benzoyl Peroxide)

㉠ 항균 작용으로 염증성 여드름에 효과적이다.

㉡ 각질층과 모낭 입구를 통하여 화학적 변화 없이 표피와 진피에 도달하여 벤조산(Benzoic Acid)이 되어 작용한다. 치료 첫 주에는 2.5%의 저농도로 하루 1회 도포하여 점차 농도와 횟수를 증가시킨다.

㉢ 항염증 작용, 각질 용해 작용, 각질 탈락으로 과각화 현상을 개선하는 데 효과가 있다.

③ 국소 도포 항생제

　㉠ 항생제 약물로 항균 작용과 항염증 작용을 하여 유리 지방산을 줄여줌으로써 여드름을 치료한다.

　㉡ 많이 쓰이는 약품으로는 클린다마이신(Clindamycin), 에리트로마이신(Erythromycin)이 있다. 국소 도포 항생제는 낭포나 결절 여드름에는 효과가 없는 편이다.

④ 각질 제거제

모공을 막고 있는 각질을 녹여줌으로써 피지 분비를 원활하게 해주는 기능을 한다. 살리실산(Salicylic Acid), 레조르시놀이 주요 성분이다.

(2) 전신 치료제

전신 치료제는 화농성 여드름이나 결절성 여드름, 같이 바르는 약으로 효과가 없을 때 사용한다.

① 경구용 항생제

　㉠ 경구용 여드름 치료제는 독시사이클린(Doxycycline), 테트라사이클린(Tetracycline), 미노사이클린(Minocycline), 에리트로마이신(Erythromycin) 등이 주로 사용되고 있다.

　㉡ 독시사이클린이나 테트라사이클린 같은 경구용 항생제가 비교적 안전하여 많이 사용되고 있으나 이 약들은 광독성이 있으며, 복용 후 소화 장애 등이 발생하는 경우가 많고 항문 주위 소양증, 색소 침착 등의 부작용을 초래할 수 있다. 부작용을 감소시키고 효과가 강한 미노사이클린 항생제는 최근 가장 많이 처방되고 있다. 에리트로마이신은 위와 같은 약물에 부작용이 심할 때 대체약으로 사용된다.

② 아이소트레티노인(Isotretinoin)

　㉠ 아이소트레티노인은 비타민 A의 유도체인 합성 레티노이드로서 13-cis-retinoic acid 형태를 취하고 있으며, 최근 개발되어 가장 혁신적인 여드름 치료제로 각광 받고 있는 약물이다.

　㉡ 심한 재발성 여드름이나 결절, 낭종성 여드름과 같이 다른 약물에 효과가 없는 경우도 좋은 효과를 나타낸다. 주로 피지 분비를 억제하여 모낭이 딱딱해지는 것을 막고 과각화 현상을 감소시키는 작용을 한다. 효과가 이렇게 뚜렷한 반면 이에 수반되는 부작용이 많으므로 복용에 주의를 기울여야 한다.

아이소트레티노인의 부작용

- 점막의 분비물이 줄어 입술이나 구강 점막 등이 건조해지고, 눈의 건조와 코가 마르고, 손바닥의 각질이 벗겨지거나 전신 가려움증이 발생할 수 있다.
- 신장이나 간 기능에 이상이 올 수 있으므로 치료 개시 전, 치료 개시 1개월 후, 치료 중 3개월 간격으로 간 기능 검사 및 혈중 지질 검사가 필요하다.
- 두통, 피로, 무기력 등의 증상을 보일 수 있다.
- 10% 정도의 환자에서 약물 복용 시 탈모의 증상이 보인다.
- 우울증, 정신 질환, 드물게 자살이 보고되었으므로 우울증 병력의 환자는 관찰이 필요하다.
- 눈의 건조로 인하여 콘택트렌즈에 대한 불내성으로 치료 도중 안경을 착용할 수도 있다.
- 비타민 A의 과잉증에서 나타나는 피부 점막의 건조증과 소양증, 두통, 각막 혼탁, 뇌압 증가를 동반한 가성 뇌종양 증상, 염증성 장 질환, 식욕 부진, 탈모, 근육 관절통이 나타난다. 단, 복용을 중단하면 증상은 사라진다.
- 소아에게는 성장 판의 조기 폐쇄나 골 과형성증(Skeletal Hyperostosis)의 유발이 가능하다.
- 혈액 검사상 지질(Triglyceride, HDL) 이상이 흔히 나타나지만 임상적 의미는 알려져 있지 않다.
- 기형 발생(Teratogenicity)의 가능성이 있다. 가임 여성은 치료 전 최소 1개월 전, 치료 중, 치료 중단 후 최소한 첫 생리 주기 동안은 피임법을 반드시 사용해야 한다.
  치료 시작 최소 2주 내에 혈청 임신 검사를 반드시 시행해야 한다. 특히 임신했을 때 복용하면 태아의 기형 발생 부작용이 있으므로 임신 전과 임신 중에는 절대 복용해서는 안 된다. 또한 몸 밖으로 빠져나가는 시간이 아주 길기 때문에 복용이 끝난 후에도 약 1개월간은 임신하지 않도록 유의한다.

③ 에스트로겐 호르몬제

   ㉠ 다른 항생제에 반응이 없을 때 여성 환자들을 대상으로 호르몬제 중 가장 많이 사용된다.

   ㉡ 에스트로겐은 피지 분비를 억제하는 효과가 있다. 그러나 체중 증가, 고혈압, 질염, 기미, 혈전증 등의 부작용을 유발할 수 있으므로 실제로 적용하는 경우는 흔하지 않다.

④ 부신 피질 호르몬제

   ㉠ 잘 낫지 않는 중증의 여드름 치료에 효과적이다. 심한 낭종성 여드름과 응괴성 여드름의 치료에는 항생제보다 효과가 좋다. 너무 많이 자주 바르면 피부가 얇아지고 모세 혈관이 확장되어 얼굴 피부가 빨갛게 되며 모공이 넓어지므로, 용량과 투여 일수를 신중히 고려한다.

   ㉡ 일부 전문의들은 국소적 주사용법을 사용하기도 한다.

3. 물리적 치료

(1) 여드름 압출법

염증이 가라앉은 다음 소독한 바늘이나 탄산가스 레이저로 면포나 작은 농포에 구멍을 낸 다음 면포 압출기로 짜준다. 면포 압출 시 주변 조직에 손상을 많이 주거나 비위생적인 방법으로 2차 감염이 발생할 경우 심한 흉터를 남길 수 있다.

(2) 주사 요법

염증성 여드름 초기 단계에 국소적 스테로이드(트리암시놀론) 주사 요법은 염증이 진행되는 것을 예방하여 치료할 수 있다. 한편 여드름이 심해 피부가 딱딱해졌을 때는 그 부위에 직접 주입하여 염증 반응으로 인해 형성된 과다한 콜라겐 형성을 억제하여 흉터를 예방할 수 있다. 부작용으로 피부가 위축될 수도 있으나 6~12개월 지나면 회복된다.

(3) 화학적 박피술(Chemical Peeling)

① 화학적 박피술은 화학 약품을 이용하여 피부에 약한 화학 화상을 입혀 표피의 탈락을 유도하고 진피층의 구조 변경을 유도하여 피부 미백, 잔주름 개선의 효과를 얻는 방법이다.

② 심부 박피로는 페놀(Phenol), TCA(TriChloroacetic Acid) 등이 사용되고, 표층 박피에는 글리콜산(Glycolic Acid), 젖산, 살리실산(Salicylic Acid) 등이 사용된다.

③ 여드름 치료에서 표층 박피에는 글리콜산이나 살리실산이 주로 이용된다. 크림이나 로션에 2~5% 첨가하여 국소적으로 사용하면서 각질층을 분해하여 피지의 분비를 원활하게 한다.

(4) 레이저 및 광역학 치료술

여드름 치료에 이용되는 레이저는 헬륨 네온레이저로 염증 반응을 감소시켜 염증이 있는 여드름 치료에 많이 이용하는 방법으로 치료 후 흉터 예방에 효과적이다. 광역학 치료로는 가시광선의 청색대(blue light)가 주로 이용되며, 이는 여드름 균(P. *acne*)에 의해 생성된 포르피린(Porphyrin)을 활성화시켜 유리 산소를 생성하여 세균을 죽이게 한다.

02 색소성 질환

피부의 색깔을 결정하는 것으로 멜라닌이라는 색소 이외에 혈액 내 산소 포화도가 높으면 붉은빛을 보이고, 산소 포화도가 낮으면 푸른빛을 보인다. 또한 케로티노이드라고 하는 물질에 의하여 노란색의 빛을 보인다.

이 중에 멜라닌 세포(Melanocytes)에 의하여 생성된 멜라닌 색소가 피부의 색깔을 결정하는 주요 요인이다. 멜라닌 색소가 많고 적음에 따라 흑인, 황색인, 백인이 결정된다.

색소성 질환(Pigmentation Disorder)의 종류

- 멜라닌(Melanin)
- 기미(Melasma)
- 주근깨(Freckles)
- 점(Nevus)/갈색 반점(Brown Nevus)
- 일광 흑자/노인성 흑자(Seile Lentigo)
- 화학 물질에 의한 과색소 침착증(Pigmentation by chemical)
- 염증이나 자극 후 색소 침착(PIH, Post Inflammatory Hyperpigmentation)
- 악성 흑색종(Melanoma)
- 오타 모반(Ota Nevus)/거대 모반(Giant Nevus)
- 백반증(Vitiligo)
- 백색증(Albinism)

1 멜라닌

피부의 색은 인종에 따라 큰 차이가 있다. 이는 멜라닌(Melanin)의 양이 다르기 때문이다. 보통 멜라닌이 있는 세포는 표피의 기저층에만 있지만 흑인종의 경우 표피 세포 전층에 멜라닌 색소가 있다. 백인종은 기저 세포층에만 소량 분포하고 황인종은 기저 세포층에 멜라닌이 다량 존재한다. 몽고반점이나 오타 모반 같이 청색 빛을 띠는 경우는 멜라닌이 더 깊은 층인 진피층에 존재하여 푸른빛을 띠는 것이다.

멜라닌은 그리스어인 'Melanos'라는 어원에서 왔는데 검은색(Black)이라는 뜻이다. 이는 매우 복잡한 구조를 가진 유기 색소들로서 티록신으로부터 여러 가지 효소들의 복합 작용에 의하여 합성된 천연 색소로 갈색 또는 흑색을 띤다.

표피와 진피의 경계부에 존재하는 멜라닌 세포에서 합성한 멜라닌 과립을 계속해서 표피 세포로 보내면 표피 세포 내의 멜라닌 색소가 표피 세포를 자외선으로부터 보호하는 기능을 하고 있다.

(1) 멜라닌 세포

① 표피와 진피 사이의 표피 기저층에는 각질 형성 세포(Keratinocyte)와 멜라닌 형성 세포인 멜라닌 세포(Melanocyte)가 존재한다.

② 각질 형성 세포는 케라틴이라는 죽은 각질들의 근원 세포이며, 멜라닌 세포는 멜라닌 색소를 생산하여 피부 색깔에 기여하는 세포이다.

③ 각질 형성 세포는 둥근 타원형의 모양을 가지고 있고, 멜라닌 세포는 신경 세포처럼 수지상의 돌기들을 가지고 있어 중심 핵 부분으로부터 여러 개의 문어발들이 모든 방향으로 기다랗게 뻗어 있는 것처럼 보인다.

④ 이 두 세포는 같은 층에 존재하지만 그 발생 기원이 전혀 다르다. 각질 형성 세포는 외배엽에서 기원하였고, 멜라닌 세포는 태생기에 신경관에서 나온 신경 능선세포가 이동하여 표피와 모구부에 정착하여 멜라닌 세포가 된다. 그래서 멜라닌 세포는 신경 세포처럼 여러 개의 수지상 돌기를 가지고 있다.

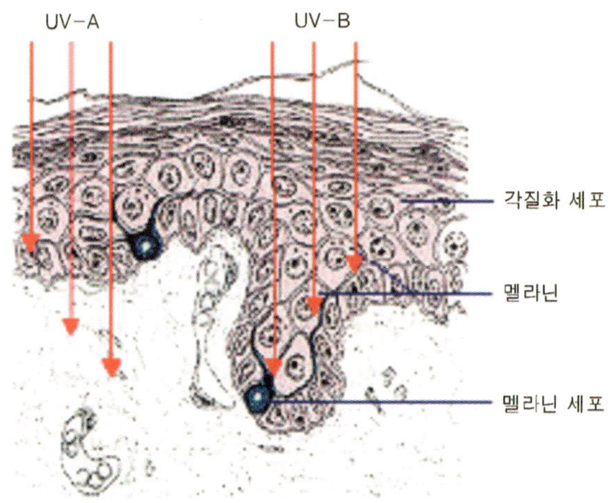

[그림] 멜라닌 세포의 형태 및 분포 위치

(2) 멜라닌 색소 형성 과정

① 멜라닌 색소는 수많은 작은 단위들로 형성된 하나의 커다란 복합 분자 형태를 가진 고분자 생물질이다. 멜라닌 생성은 멜라닌 세포의 골지체에서 합성된다.

② 필수 아미노산인 티로신(Tyrosine)에서 시작한다. 티로신은 티로시나아제(Tyrosinase)라 불리는 한 효소에 의해 활성화되어 DOPA(dihydroxyphenylalanine)로 전환된다. 이어서 DOPA는 산화되면서 도파퀴논(Dopaquinone)으로 전환된다. 도파퀴논에서 L-dopachrome 이후 몇몇 단계를 거쳐 흑갈색의 색소인 유멜라닌(Eumelanin)이 만들어진다.

③ 페오멜라닌(Pheomelanin)은 역시 도파퀴논에서 시작하여 Glutathione-Dopa, 그리고 시스테닐(Cysteinyl DOPA)을 거쳐 만들어지며, 갈색빛을 띤다.

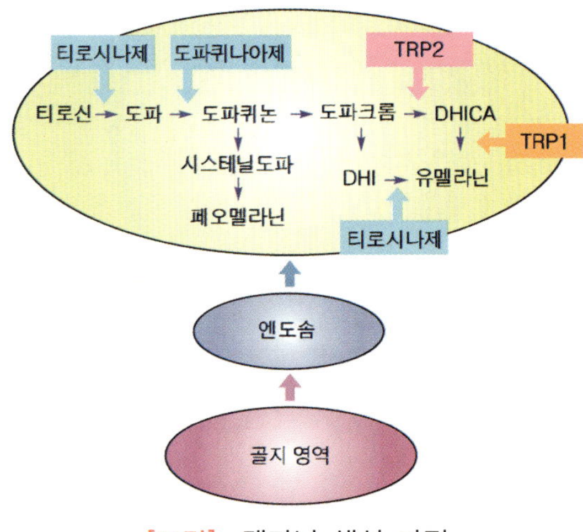

[그림] 멜라닌 생성 과정

(3) 생성된 멜라닌 색소의 케라틴 세포로의 이동

① 멜라닌 세포의 골지체에서 티로신으로부터 만들어진 멜라닌 색소는 여러 단계를 거쳐 멜라닌 세포의 수지상의 돌기를 통해 주변의 케라틴 세포의 세포질로 이동한다. 골지체에서 멜라닌 색소가 생성되면서 서서히 수지상으로 이동하여 어느 단계에서 골지 영역을 빠져나와 접해 있는 세포벽을 통하여 이동한다.

② 색소 질환의 치료약 개발에도 멜라닌 생성을 억제하는 약은 많아도 이동을 차단하는 약은 개발이 미흡한 상태이다.

③ 한 개의 멜라닌 세포는 여러 개의 수지상 돌기를 통하여 30~40개의 주변 케라틴 세포에 멜라닌 색소를 공급한다.

④ 전자 현미경을 통해서 관찰해보면 케라틴 세포로 이동한 멜라닌 색소들은 케라틴 세포의 핵 주변에 몰려 있어서 자외선의 자극으로부터 케라틴 세포를 보호하는 1차 기능을 수행하고 있다.

⑤ 멜라닌 색소를 받는 케라틴 세포들이 표피의 표면인 각질층으로 이동을 하게 되면서 서서히 멜라닌 색소는 분해되고 유극층을 지나 과립층에 도달할 때쯤이면 백인의 경우에는 멜라닌들이 거의 존재하지 않는 것을 볼 수 있다. 이는 멜라닌 세포에서 전달받은 멜라닌 색소를 백인 피부의 케라틴 세포들이 분해하여 소멸시키기 때문이다. 반면 흑인 피부는 그 양이 줄지 않고 각질층까지 이동해 가는 것을 볼 수 있다.

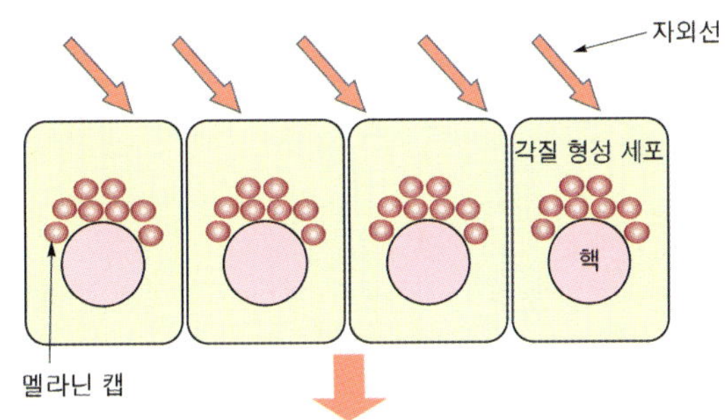

※ 멜라닌 색소는 멜라닌 캡을 형성하여 핵을 둘러싸고 있으며 자외선으로부터 DNA의 손상을 억제한다.

[그림] DNA 손상을 억제하는 멜라닌 색소

멜라닌 세포의 활성

- 멜라닌 세포를 둘러싸고 있는 여러 가지 환경에 의하여 멜라닌 색소의 합성이 증가 또는 감소한다.
- 자외선에 의한 멜라닌 생성 촉진은 자외선에 의해 유도되어 각질 형성 세포에서 만들어낸 세포 활성 인자들이 주된 기능을 한다.
- 자외선의 조사에 의해 여러 가지 세포 활성 인자들이 분비되고 이로 인해서 멜라닌 세포가 활성화되어 멜라닌 색소를 더욱 많이 만들어내기 시작한다.

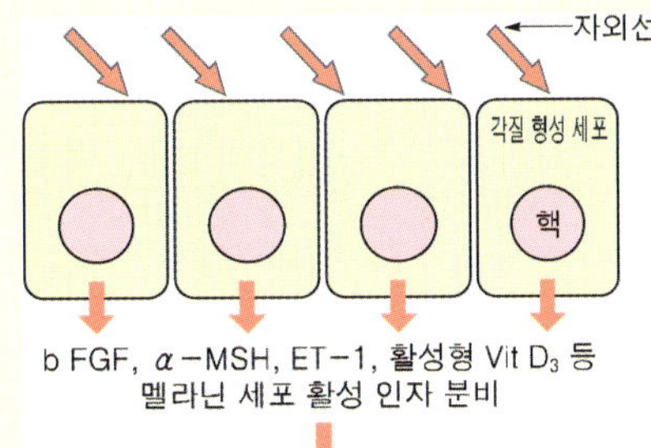

※ 자외선 조사에 의하여 각종 인자가 각질 형성 세포에서 분비되어 멜라닌 세포를 활성화시킨다.

[그림] 자외선에 의해 활성화된 활성인자

2 기미

기미(Melasma)란 다양한 크기의 갈색 색소 침착반이 흔히 태양광 노출부인 얼굴에 발생하는 과색소 침착 질환이다.

반점의 경계선이 뚜렷하지 않고, 나방 모양의 색소 침착이라 하여 주로 눈 밑에서 콧마루 부분까지 펼쳐져 있으며, 이마나 뺨 부분 혹은 턱 부분에도 나타난다.

중년 여성들의 가장 큰 고민 중의 하나인 기미는 대개 임신 후에 발생하여 출산 후에는 어느 정도 호전되지만, 다 없어지지는 않고 지속되다가 노년에 접어들면서 차차 사라지는 경향이 많다.

1. 기미의 원인

기미는 흔한 질환이면서도 정확한 발생 원인이나 병인이 아직 밝혀지지 않은 부분이 많다. 임신 중 또는 폐경기 즈음에 흔히 발생하는데, 출산 후에는 보통 서서히 소실되거나 그대로 지속되기도 한다. 그 외에 경구 피임약을 복용하거나 난소에 종양이 있을 때 발생하는 경우도 있으나 대부분은 그 원인을 밝히지 못한 경우가 더 많다.

(1) 임신과 피임약(Hormone Effects)

① 임신과 피임약은 피부의 색소 변화에 일시적인 영향을 줄 수 있다.

② 과색소와 호르몬과의 관계에 있어서는, 멜라노사이트의 세포막 부분에 멜라노사이트 자극 호르몬(MSH)을 받아들이는 수용기가 존재한다.

③ MSH(색소 자극 호르몬)와 ACTH(부신 피질 자극 호르몬), 에스트로겐과 프로게스테론 등의 호르몬들이 수용기를 통해 받아들여져 색소 생산을 자극하게 되는데, 티로시나아제의 활동이 증가되고, 이로 인해 멜라닌 색소가 증가하는 결과를 가져온다.

④ ACTH는 MSH과 분자 구조에 있어서 처음 13개의 아미노산 배열이 유사하여, 색소를 자극하는 특징을 가지고 있다.

(2) 햇빛(Sunlight)

① 햇빛에 노출되면 멜라노사이트들이 빛에 반응하여 그 세포의 수가 증가되고, 멜라노좀(Melanosome)이 증가되고, 멜라노좀의 성숙이 왕성해진다. 햇빛이 멜라닌을 증가시키는 것은 바로 햇빛으로 인한 피부 손상을 막기 위해서 즉 방어 작용 때문이다.

② 햇빛에 노출된 피부의 기저층을 관찰해보면, 멜라노좀이 세포의 핵 속에 있는 DNA 바로 위에 마치 모자를 씌워놓은 것처럼 배열되어 있는 것을 볼 수 있다.

③ 자외선이 피부로 침투되면 DNA가 가장 먼저 손상되고, 이 DNA가 손상된 세포는 제 기능을 잃기 때문에 피부 조직체로부터 제거된다. 이처럼 멜라닌은 DNA를 보호하여 세포의 손상과 노화를 지연하기 위해 그 수를 증가시키고 활동을 왕성하게 하여 피부에 보호막 형성을 강화시켜 나가는 인체의 방어 군단이다.

자외선의 구분

- **자외선(UV) A : 400nm~320nm**

색소 침착을 촉진하는 작용을 하며, 멜라닌 생산과 가장 밀접한 관련이 있다.

자외선 노출 후 바로 색소 침착이 나타나 수 시간 내지 수일 후 소실되는 즉시 색소 침착을 주로 유발하며, 자외선 B와 함께 작용하여 수일 혹은 수 주 후에야 소실되는 지연 색소 침착을 유발하기도 한다.

파장이 피부 조직 깊숙이 침투해 진피의 섬유 조직, 콜라겐과 엘라스틴을 파괴하고 피부 노화에 깊은 관련이 있는 광선이다.

- **자외선(UV) B : 320nm~290nm**

Burning(일광화상)을 촉진하는 광선으로 파장이 짧은 만큼 에너지 방출량이 많아 피부 표면에서 뜨거움과 손상, 즉 화상을 입는 것을 즉각적으로 느낄 수 있다. 자외선(UV) A와 상호 작용을 하여 과색소 현상을 유발한다. 피부암을 일으킬 수 있다.

- **자외선(UV) C : 290nm~190nm**

파장이 더욱 짧기 때문에 인간의 피부는 물론이고, 지구상의 생물체에 끼치는 손상이 매우 크다.

오존층에 의해 차단이 되기 때문에 지구 표면까지는 도달하지 않지만, 최근 오존층의 파괴와 더불어 가장 위협적인 환경 요인으로 여겨지고 있다.

UV-B와 마찬가지로 오존층이 파괴되면 피부암을 유발할 수 있다.

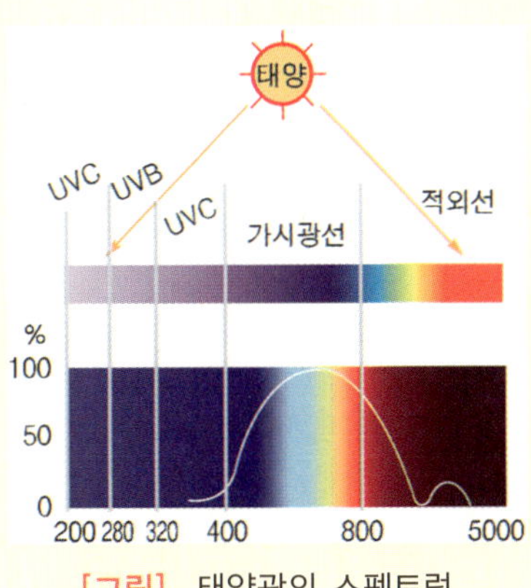

[그림] 태양광의 스펙트럼

(3) 염증과 자극(Inflammation & Irritation)

① 피부에 염증이나 상처가 생기면 그 부위에 과색소 현상이 생기는 것은 오래전부터 알려져 온 사실이다. 코카서스 인종인 백인의 경우에는 염증이 일어나면 그 부위에 붉은색의 구진이 형성되고 며칠 후 고름이 생겨 농포성(Pustule)이 되며, 그리고는 염증이 가라앉은 부위에 붉은색의 반점이 생기거나 혹은 황갈색의 편평한 반점이 남는 것을 볼 수 있다.

② 염증이 진행되는 동안 홍반(Redness)이 오는 이유는 모세 혈관의 확장과 염증 부위 주변으로 모세 혈관들의 숫자가 증가되어 혈액의 흐름이 많아졌기 때문이다. 그 이후에 남는 황갈색 혹은 진한 갈색의 색소 반점은 멜라노사이트의 작용이 활발해져서 멜라닌의 생산이 증가되었기 때문이다.

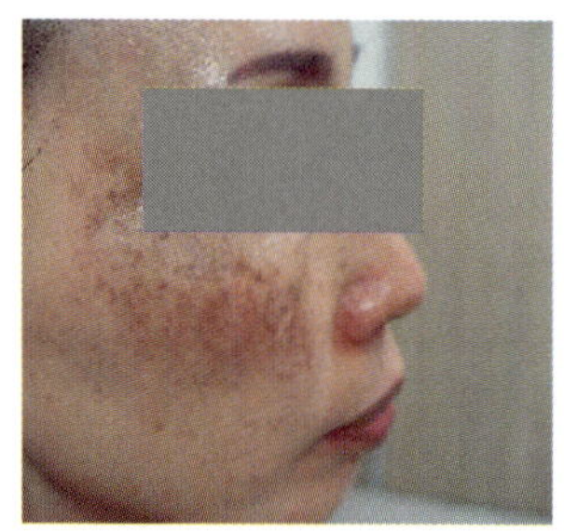

[그림] 기미

2. 증상과 진단

연한 갈색 내지 암갈색 혹은 흑색의 불규칙한 모양의 색소 침착반이 대칭적으로 나타나 주변의 피부와 잘 구분이 된다. 주로 햇볕의 노출부인 이마, 뺨, 관자놀이, 윗입술 주변에 잘 나타나며, 대부분 형태만으로도 쉽게 진단할 수 있으나 얼굴에 과색소 침착을 남기는 여러 가지 질환들과 감별을 요한다. 기미와 구별해야 할 질병으로는 오타 모반, 오타 모반양 반점 등이 있다.

3. 치 료

① 기미의 치료 원칙은 원인을 찾아내어 해결해 주는 것이 우선이다. 따라서 피임약의 복용 여부나 난소 질환 및 기타 다른 내분비 질환의 유무 등을 쉽게 간과하지 말고 확인해야 한다. 기미 치료에는 아직까지도 만족스런 한 가지 치료 방법이 없으며, 자외선의 노출을 피하고 자외선 차단제를 사용하는 것이 중요하다.

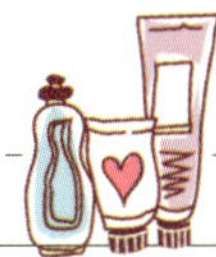

② 최근에 레이저 치료나 박피술 등이 도입되면서 기미의 치료에도 응용하는 경향이 있지만, 다른 질환과 달리 기미의 치료에는 큰 효과를 보이지 않는 것으로 나타났다.

③ 현재 의학계에서 공식적으로 인정되는 미백 치료제로는 하이드로퀴논(Hydroquinone)이 있다. 하이드로퀴논은 멜라닌 형성 과정 중 티로시나아제의 활동을 차단하여 멜라닌 형성을 억제하는 작용을 한다. 멜라닌 생성에 있어서 가장 효과적인 억제자로 인정받고 있지만, 세포의 신진대사 작용에 역행하는 억제를 하여 DNA와 RNA의 합성에 중대한 영향을 주는 위험성이 있어 과량 사용 시 피부암을 유발하거나 백반증을 유발할 수 있다는 보고가 있으므로 반드시 의사의 처방하에 사용하여야 한다.

④ 약물의 농도나 다른 약물과의 배합에 따라 여러 제품들이 나오고 있으나 5% 이상의 고농도 약물은 사용하지 않는 것이 좋다.

> **예** 약물과의 배합
> - 2% 하이드로퀴논(Hydroquinone)이나 2% 하이드로퀴논에 0.1% 트레티노인(Tretinone)을 같이 사용한다.
> - 01.% 트레티노인, 5% 하이드로퀴논과 0.1% 덱사메타손(Dexamaehasone)을 포함한 크림을 4~6주간 도포한다.

3 주근깨

주근깨(Freckles, Ephelides)는 유전적 요소가 강한 색소성 피부 질환으로 얼굴 한복판에서부터 뺨, 이마, 손등, 어깨, 등, 팔, 기타 햇빛의 직사광선을 받는 빈도가 높은 피부 표면에 발생하는 갈색의 색소반이다.

주로 10대의 사춘기 소녀나 20대 젊은 여성에게 비교적 많이 나타나며 자외선량이 급격히 증가하는 봄부터 색이 짙어진다.

(1) 원 인

① 주근깨는 환경적 요인뿐 아니라 유전적인 요인을 가지고 있다. 부모나 형제 중에 주근깨가 있는 사람은 주근깨가 생기기 쉬운 가족력을 가지고 있다. 때문에 유전적 소인이 많은 사람이 햇빛에 심하게 노출이 되면 주근깨의 증상이 현저해질 수 있으므로 더욱 조심을 해야 한다.

② 기미와 함께 대표적인 색소성 피부 질환인 주근깨는 자외선의 영향을 크게 받는다. 햇빛에 예민하여 강한 자외선을 받으면 더욱 진해지는 성질이 있어, 자외선량이 적은 겨울에는 선명하게 보이지 않지만 봄에서 여름, 가을까지는 색소가

짙어져 환부가 두드러져 보이는 것이 특징이다.

③ 유아 때보다는 7세 이후에 나타나는 것이 일반적이며 대부분 사춘기 무렵부터 나타나기 시작한다.

(2) 증상과 진단

① 대략 지름이 1~3mm 정도이며 여러 가지 모양을 하고 있다.

② 직경 5mm 이하의 갈색 점이나 암적색 반점이 깨알처럼 얼굴에 나타나는 것이 주근깨이다. 불규칙한 모양을 형성하며 하나 혹은 여럿이 뭉쳐 콧등, 양 볼, 이마, 눈 주위 등의 노출 부위에 주로 발생한다.

③ 붉은 머리나 적갈색의 머리색을 가진 백인종들에게서 더욱 많이 나타나며, 자외선에 영향을 받아 여름에는 좀 더 까맣게 진해졌다가 겨울이 되면 약간 연해진다.

④ 어린 시절에 많이 나타났다가 어른이 되면서 점차 사라진다.

⑤ 주근깨는 자외선 중 UV-A영역인 300~400nm 사이의 빛에 의해 영향을 주로 받는다. UV-A는 파장이 길어 직접 태양광을 쬐지 않아도 창유리를 뚫고 들어오므로 실내에서만 있는 경우에도 주근깨들은 그 색이 진해질 수 있다. 이 영역의 빛 에너지는 형광빛에 의해서도 방출되기 때문에 실내에서 형광등을 켜 놓고 근무를 하는 경우 UV-A 차단제를 도포해야 한다.

(3) 치 료

주근깨는 피부가 지저분해 보이게 하므로 타인에게 혐오감을 줄 수 있고, 스스로에게도 열등감의 원천으로 작용해 사회적 대인 관계에서 자신감 상실 등 나쁜 영향을 줄 수 있으므로 적절히 치료되어야 한다.

① 비타민 C를 내복하면 빛깔이 짙어지는 것을 막는 효과가 있다. 자외선에 의해 악화되므로 자외선 차단제의 도포가 반드시 필요하다.

② 적극적인 최근 치료법으로는 레이저와 박피술이 이용된다. 기미를 치료하는 레이저로는 큐스위치 루비 레이저와 엔디야그 레이저가 널리 이용된다.

레이저술이나 박피술 모두 1회 치료로는 회복되기 어렵고, 주근깨의 종류에 따라 수개월 피부 상태를 지켜본 후 필요에 따라서는 일정 기간을 두고 환부를 반복 치료한다. 주근깨의 완벽한 치료가 어려운 경우에는 박피술과 레이저 치료를 병합함으로써 치료 효과를 상승시킬 수 있다.

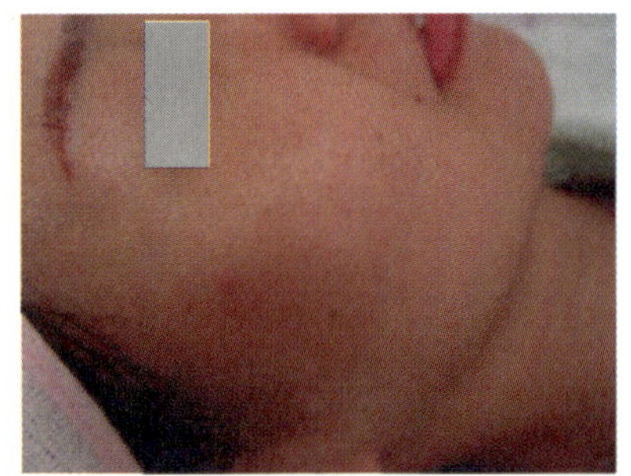

[그림] 주근깨

4 점

일반적으로 점이라는 표현은 흔히 검은색이나 갈색의 반점 이외에도 잡티, 주근깨, 검버섯, 편평사마귀, 쥐젖이나 염증 후에 오는 색소 침착까지 많은 의미를 지닌다. 그러나 점(Nevus)이란 피부 조직의 기형으로 나타나는 흑갈색의 얼룩한 무늬를 의미하며 일반적으로 모반은 대부분 멜라닌 세포로 구성되어 있기 때문에 임상의들은 대부분은 색소 모반(Melanocytic Nevus)이라 부른다.

멜라닌 세포나 모반 세포의 모반에서 유래된 색소성 병소가 나타나고, 때로는 악성 흑색종의 초기인 것도 있다. 모반에 따라서 악성 피부 종양으로 전이도 가능하므로 주의해야 한다. 원인은 확실하게 알려지지 않았지만 보통 성인의 얼굴에는 10개 이상의 검은 점이 있고, 치료 방법은 모반에 따라서 조금씩 다르다.

이 질환은 정상적인 멜라닌 세포나 신경 세포, 비정상적인 모반 아세포에서 유래되며 1~8mm 크기의 경계가 명확한 점 모양의 색소성 병변이다.

경계 모반, 복합 모반, 진피 내 모반 등으로 나뉜다. 모반의 모양이 1cm 이상이거나 갑자기 커지거나 형태가 불규칙하고 표면이 거칠거나 표면이 허물어져서 출혈이 있는 경우, 발바닥처럼 늘 자극을 받는 부위에 생겼을 경우에는 악성 흑색종으로 변형될 수 있으므로 반드시 치료를 받아야 한다.

치료는 레이저 치료, 전기 소작술, 피부 박피술, 냉동 요법, 절제술, 절제 후 피부 이식술 등을 단독 또는 함께 시행한다. 미용적인 개선을 위하여 점을 빼는 방법으로는 여러 가지가 있다. 크기가 큰 경우는 메스로 점을 절제하고 봉합하는 방법이 이용되고 크기가 크지 않는 경우는 전기 소작기나 CO_2 레이저를 이용하여 조직을 태워버리는 방법이 주로 이용된다.

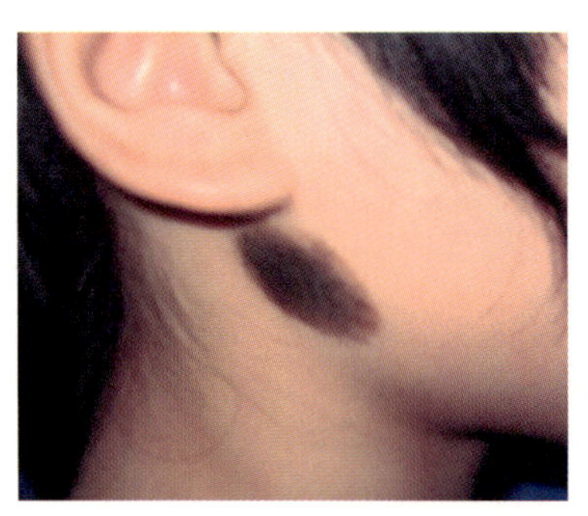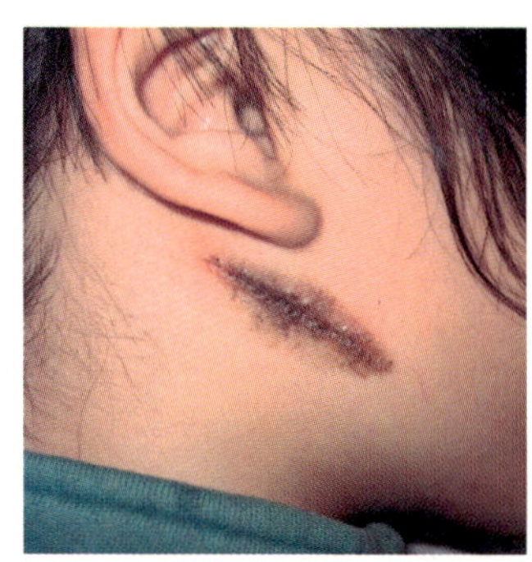

[그림] 모반 치료 전·후

5 일광 흑자

일광 흑자(Solar Lentigo＝Senile Lentigo)는 주로 50대 이후의 노인들에게서 나타나는 과색소 현상으로 주로 얼굴과 손등에 많이 나타난다.

주근깨보다는 부위가 넓으며 기미보다는 색소 밀집 현상이 뚜렷하다. 최근 노령 인구의 사회 활동 증가로 인하여 이러한 증상을 치료하기 위하여 병·의원을 찾는 환자들이 많아지고 있다. CO_2 레이저 치료나 박피술 등으로 비교적 쉽게 치료가 된다.

시술을 받은 뒤 햇볕에 노출되면 색소가 남을 수 있으므로 가을이나 겨울에 치료를 하는 것이 권장된다. 단, 시술 이후에는 약간의 발적이 있으나 곧 가라앉는다. 크기가 큰 것은 개방성 드레싱보다 폐쇄성 드레싱을 시행하면 통증과 반흔 없이 1~2주 후엔 깨끗한 피부가 된다.

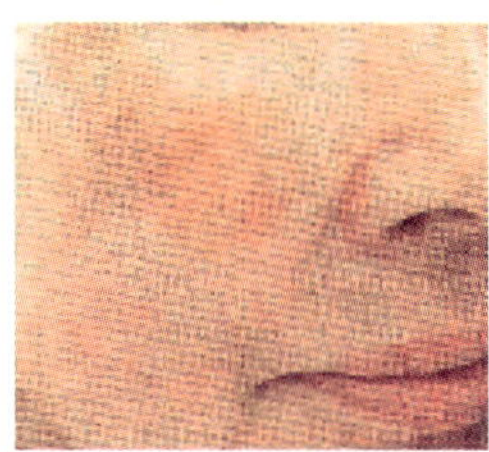

[그림] 일광 흑자

6 화학 물질에 의한 과색소 침착증(Pigmentation by chemical)

화학 물질이나 금속 물질의 직접적인 접촉 후에 색소 침착이 오는 경우보다는 이 부위가 자외선에 노출되면서 광과민(Photo-Sensitization) 현상에 의해 색소 침착이 일어나는

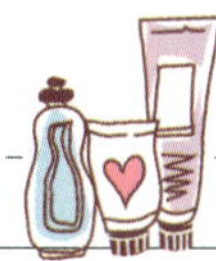

경우가 대부분이다. 대부분 원인을 제거하면 상태가 쉽게 호전된다.

특히 여성들이 주로 사용하는 향수나 화장품같은 물질들이 자외선과 반응하여 피부에 민감함을 주어 발생하는 경우가 많다. 증상은 색소 침착이 고르지 않고 마치 검은 가루를 뿌려 놓은 듯이 미세하고 작은 반점들이 이마, 뺨, 턱, 목 등 노출 부위에 발생하는 경우 의심해볼 만하다.

7 염증이나 자극 후 과색소 침착(PIH, Post Inflammatory Hyper Pigmentation)

화상이나 찰과상같이 피부에 어떤 손상이 왔을 때나 염증성 여드름이 호전된 후 치유되는 과정 중에 염증 반응이 있고 난 다음 연한 갈색 혹은 흑갈색으로 색소가 침착되는 것을 볼 수 있다.

이는 상처가 재생되는 과정 중에 세포의 성장을 촉진시키는 여러 호르몬에 의하여 멜라닌 세포도 활성화되어 발생하는 것으로 새로 재생되는 세포 분열이 활발한 세포가 자외선으로부터 보호되어 돌연변이를 일으키지 않도록 하기 위한 인간의 정상적인 방어 작용 때문이다.

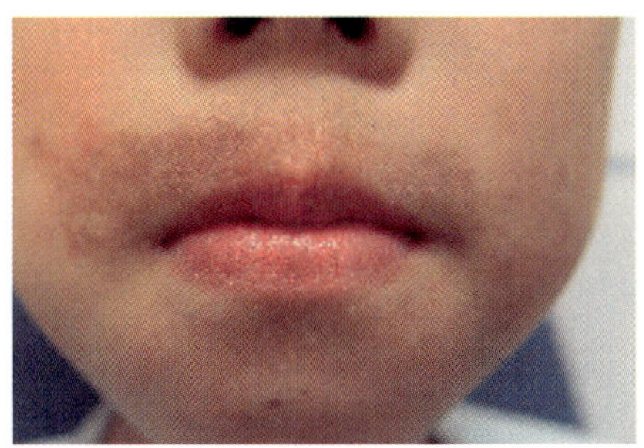

[그림] 염증 후 과색소 침착

8 악성 흑색종

악성 흑색종(Malignant Melanomas, Skin Cancer)은 얼굴이나 신체의 어떤 부분이든 다 발생할 수 있다. 악성 흑색종이 의심되면 반드시 절제 생검을 통하여 치료 및 진단을 정확히 시행하여야 한다. 그렇지 않을 경우 생명을 위협할 수 있다.

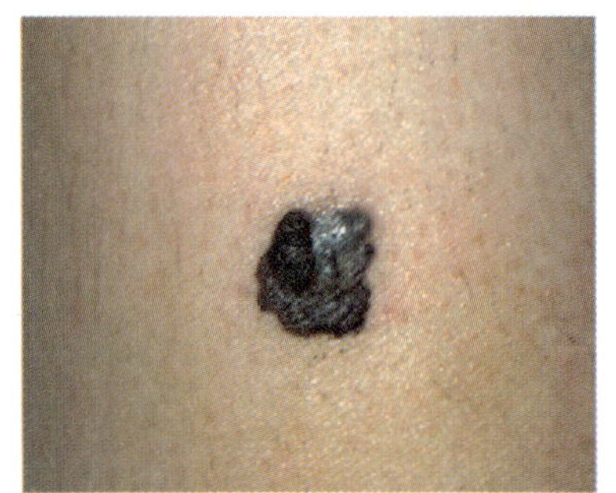

[그림] 흑색종 1

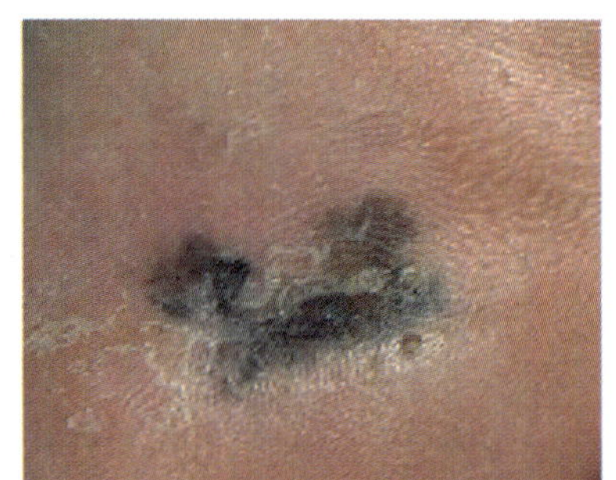

[그림] 흑색종 2

9 오타 모반

오타 모반(Ota Nevus)은 안면의 삼차 신경 분포 영역의 진피층에 멜라닌 색소가 있어서 나타나며, 눈 주위의 피부와 공막(눈의 일부분)에 청색의 반이 나타나는 점의 일종이다. 일부는 입속의 점막에도 나타난다.

오타 모반은 일본인 의사 오타 씨가 처음 발견해서 붙여진 병명이다.

(1) 원 인

오타 모반이 생기는 원인은 주로 선천적인 유전에 의하며, 남성보다는 여성에게 많이 발생한다.

(2) 증상 및 진단

① 멜라닌 색소 세포가 피부 진피층 깊숙이 자리 잡고 있어 갈색이나 푸른색을 띠며, 안면의 삼차 신경 분포 영역의 한쪽 면에만 발현되는 경우도 있지만, 양쪽에 다 발현하는 경우도 있다.

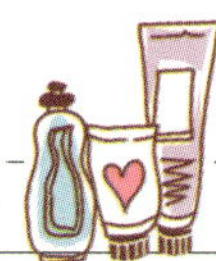

② 선천성인 경우가 많지만 절반 정도는 사춘기 이후에 나타나는 후천성 오타 모반도 많다. 분포 영역이 주로 눈 주위이기 때문에 기미와 혼돈되는 경우가 많지만 기미보다는 깊은 층에 분포하여 청색을 띠는 경우가 대부분이다.

③ 한쪽 면(특히 눈 주위를 포함한 뺨 주변)에 호발하는 점의 일종이다. 어렸을 때는 없었다할지라도 사춘기 이후나 20~30대에서 경계가 뚜렷하지 않은 갈청색 또는 자갈색조의 색소만으로 한쪽 안검부, 광대뼈, 위턱 부위에 0.5~1cm 크기로 생기는 일이 많다. 검사를 하면 안구 결막, 비점막, 입천장(구개), 고막에도 청색의 모반이 발견되는 경우가 많다.

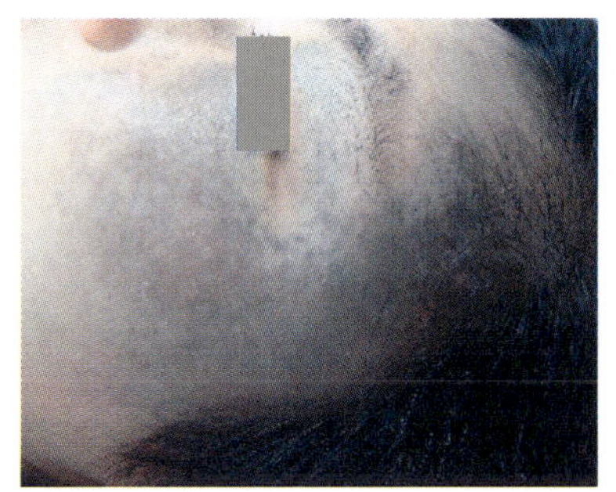

[그림] 오타 모반

(3) 치 료

① 피부의 깊은 층인 진피의 멜라닌 세포로 인하여 발생되기 때문에 치료가 쉽지 않다. 이 질환은 고전적인 치료법으로 전기 소작술, 냉동 요법 등이 이용되었으나 통증 및 흉터를 남기고 치료 효과도 좋지 않아 최근에는 잘 이용되지 않고 있다.

② 표피층에는 손상을 입히지 않고 진피 깊숙한 곳에 자리 잡은 갈색이나 푸른색의 반점 세포에만 선택적으로 침투가 가능한 레이저의 특수 파장을 이용하면 오타 모반의 치료에 탁월한 효과를 거둘 수 있다.

③ 오타 모반의 세포는 워낙 진피 깊숙한 곳에 있기 때문에 일회성으로는 치료가 어려우며, 기간을 두고 3~10회 가량 반복적인 시술을 해야 만족할 만한 상태에 이를 수가 있다.

10 백반증

(1) 원 인

백반증(Vitiligo)이란 과잉 색소증과는 반대로 후천적으로 피부의 멜라닌 색소가 없어져서 피부색이 하얗게 변하는 병이다.

(2) 증상 및 진단

① 병소 부분에는 멜라닌 세포가 없으며 같은 수지상의 돌기 모양을 가지고 있는 랑게르한스 세포들도 감소되어 있다. 그래서 백반증을 유전적인 요인과 면역 기능의 이상 현상에 의한 멜라닌 세포의 파괴, 신경 세포의 이상에 의한 멜라닌 세포를 손상시키는 물질의 분비 등으로 원인을 설명하고 있으나 그 원인은 정확히 밝혀져 있지 않으며 스트레스를 중요한 인자로 보고 있다.

② 백반증은 전 인구의 1% 정도에서 발생하는 흔한 질환으로 환자의 반 정도는 20세가 되기 전에 발생하고, 20% 정도는 가족력이 있으며, 대부분의 백반증 환자가 전신 건강에는 아무런 지장이 없다.

③ 증상이 특별한 원인 없이 갑자기 시작되는 경향이 있고, 한동안 증세가 번지다가 이유를 알 수 없이 증상이 멈추었다 심해졌다가 하는 주기가 계속될 수 있다. 드물게는 저절로 좋아지기도 한다.

(3) 치 료

① 병변 부위는 일광 손상에 대한 저항력이 감소하여 일광 화상을 입기가 쉬워 최소한 일광 차단 지수인 SPF 15 이상의 선크림을 발라야 하고, 강한 햇볕에는 노출을 삼간다.

② 최근 광화학 요법으로 메톡살렌(Methoxsalen 10mg capsule, 전문 의약품)이라는 약을 먹거나 바르고 자외선을 조사하는 치료 방법이 많이 이용된다. 이 약은 피부를 햇볕에 민감하게 만들어 자외선 A를 쪼여주면 사라졌던 색소가 나타나게 되는 원리이다.

③ 메톡살렌은 눈도 햇볕에 민감하게 반응시키므로 치료 중이나 치료 후 12시간 정도는 자외선 차단 안경을 써야 한다.

④ 9세 이하의 어린이나 임산부, 수유 중인 산모, 특별한 약을 먹는 경우 등은 자외선 치료를 하지 않는 것이 바람직하다.

⑤ 수술적인 요법으로 정상 피부를 병변 부위에 옮겨 붙이는 피부 이식술이 특수한 경우에 이용되기도 한다. 그러나 완전히, 영구히 낫게 하는 치료법은 아직까지는 없다.

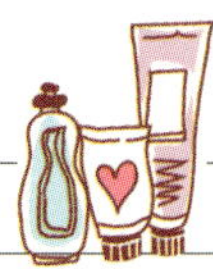

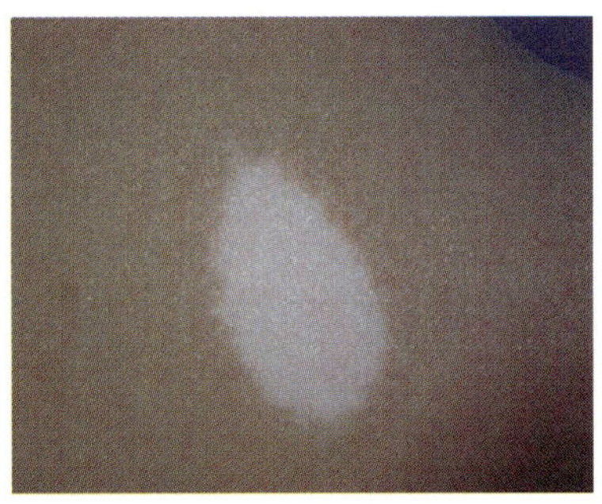

[그림] 백반증

11 백색증

백색증(Albinism)은 선천성 색소 결핍 질환으로 멜라닌 세포는 정상적으로 있지만, 색깔이 없는 비정상적인 멜라닌을 생산해내어 피부와 모발, 그리고 눈에 색이 거의 없거나 전혀 없게 되는, 드문 유전 질환이다.

대부분 상염색체 열성으로 유전되며, 피부와 모발, 그리고 눈을 침범한다. 드물게는 모친으로부터 이상 유전자가 성염색체 열성으로 유전되어 남아에게만 발생하는 경우도 있다. 이런 유형은 눈에만 멜라닌 색소가 결핍된다.

멜라닌 색소를 생산하는 데 꼭 필요한 효소가 결핍되어 나타나며, 햇빛에 노출되면 극심한 홍반 현상을 일으키므로 햇빛에 노출되지 않도록 한다.

03 아토피

아토피 피부염은 심한 가려움증을 동반하는 만성적이고 잦은 재발의 위험이 있는 피부염으로서 흔히 유아나 소아기에 많이 발생하나 사춘기나 성인기까지 지속될 수도 있다.

아토피 피부염의 주요 특징인 만성적인 가려움증과 반복적인 재발은 환자로 하여금 육체적으로 뿐만 아니라 정신적으로도 심각한 스트레스를 줄 수 있으며, 환자 자신뿐만 아니라 가족의 삶의 질까지도 저하시킬 수 있는 만성 질환이다.

아토피성 피부염의 주요 특징

- 6주 이상 지속되는 만성 질환으로 자주 재발한다.
- 다른 알레르기 질환인 두드러기, 금속 알레르기, 천식이나 알레르기성 비염 등을 동반하는 경우가 있으며 가족적인 경향이 있다.
- 일반적으로 발진이 나타나는 면적은 연령이 늘어나면서 감소되지만 피부의 딱딱해지는 느낌은 반대로 심해지는 경향이 있다.
- 아토피성 피부염 환자의 피부 상태는 모두 다르며, 병증의 상황에 따라서 다양한 양상을 보인다. 또한 발생 부위가 머리 주위, 관절 주위, 하체로만 발생하는 등의 국소적인 증상을 볼 수도 있으며, 전신에 걸쳐서 다양한 염증의 진행 과정을 보이는 경우도 있다.
- 아토피 피부염은 계절 및 환자의 연령에 따라 서로 다른 차이가 난다.

1 아토피성 피부염의 증상

① 아토피 피부염의 주요 증상은 심한 가려움증, 피부 건조, 발진, 진물, 부스럼 딱지, 비늘 같은 껍질이 있는 피부(인비늘) 등이 있다.

② 2개월 미만의 유아의 경우 얼굴에서 시작되어 돌이 지날 무렵부터 가슴이나 복부 등에 발진이 나타나고 이후로 무릎이나 팔꿈치 안쪽에 붉고 굵은 발진이 나타난다.

③ 환자에게는 가려움증과 피부의 빨개짐이 주로 나타나게 되며 피부 건조증, 발진, 습진 등이 함께 나타나는 경우도 흔하다. 가려움증이 없어지지 않은 것이 특징이며, 참지 못해 긁게 되면 2차 감염에 의해 증상이 더욱 악화되기도 한다.

④ 아토피 피부염은 대부분 피부 건조증을 동반하는데 건조한 피부는 소양증에 의한 피부 자극이 아토피 피부염의 악화 원인이 된다. 그러므로 피부를 수화시켜

부드럽게 유지하고, 소양감을 줄여주는 것이 치료의 주요 방향이다.

⑤ 병변 부위 외에 외부의 자극이나 가려움에 의해 습진성 병변으로 쉽게 진행한다. 이러한 현상은 면역학적 이상 외에 피부 장벽의 이상과 밀접한 연관이 있다. 피부 장벽, 즉 피부 보호막의 부실이 외부의 자극에 대해 민감하게 반응하고, 이와 함께 면역학적 이상에 의해 염증 반증은 더욱 심하게 발현된다.

⑥ 건조한 피부는 소양증을 유발하고, 민감한 피부는 건조해지고 더욱 민감해져 아토피성 피부염을 더욱 악화시키는 악순환이 된다.

⑦ 아토피 피부염은 피부가 잘 유지되다가도 음식의 섭취, 환경의 변화, 발열 등 주변 환경의 영향으로 쉽게 악화된다. 연령이 증가할수록 급성 발진의 형태가 아닌 만성형으로 관절 안쪽 부위에 피부의 각질화와 두꺼워짐(태선화) 등이 특징적으로 나타난다.

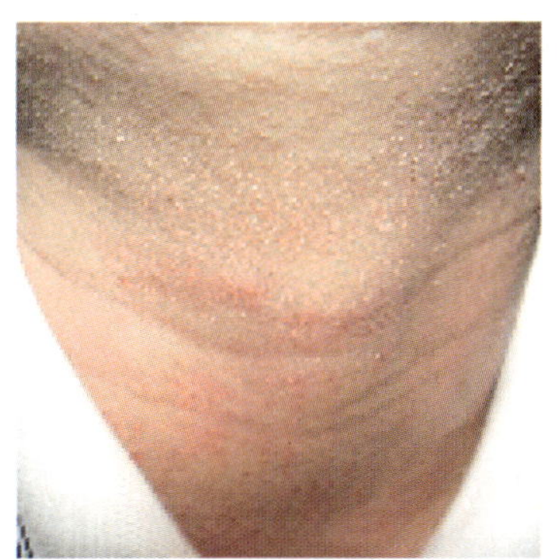

※ 피부건조증과 태선화 및 목밑주름이 현저히 나타난다.

[그림] 23세 여성 아토피 환자

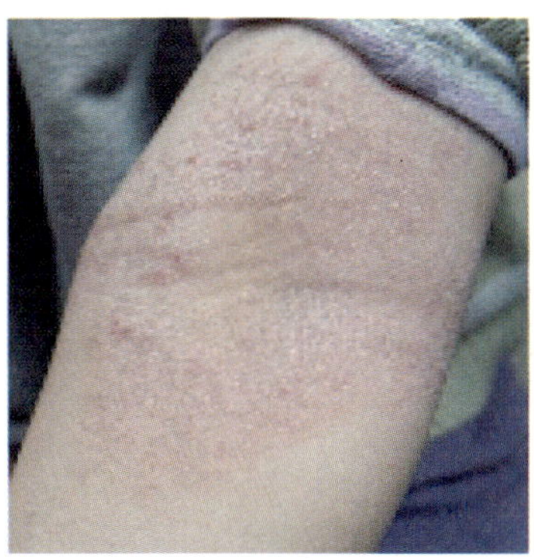

※ 좌측 팔꿈치 부위의 태선화와 염증 소견이 보이고 있다.

[그림] 16세 여성 아토피 환자

아토피 피부염의 진단 기준	
주 증상	• 소양증 • 특징적 발진 모양 및 호발 부위 • 만성, 재발성 경과 • 아토피(천식, 알레르기성 비염, 아토피 피부염)의 개인 및 가족력
부증상	• 피부 건조증(Xerosis) • 어린선(Ichthyosis)/손바닥 손금의 두드러짐/모공 각화증(Keratosis Pilaris) • 제1형 피부 반응 • 피부 감염, 세포 면역의 감소 • 유두(Nipple)의 습진 • 반복되는 결막염 • 원뿔 각막 • 눈 주위 색소 침착 • 백색 비강진(Pityriasis Alba) • 땀 흘린 경우의 소양증 • 모공 주위의 두드러짐 • 환경이나 감정 요인에 의한 악화 • 손이나 발의 비특이적 습진 병변 • 구순염(Cheilitis) • 안와 밑주름(Infraorbital Fold) • 전낭하 백내장(Anterior Subcapsular Cataract) • 안면 창백, 안면 피부염 • 목 앞주름(Antenior neck fold) • 백색 피부 묘기증(White Dermographism/Delayed Blanch)

아토피성 피부염의 기본 증상

• 유아의 경우에는 가려운 것을 표현하지 못해 특별한 이유 없이 보채거나 운다.
• 특징적인 피부염의 모양 및 부위 : 굴측부 피부의 단단하고 거친 주름이 커지고 뚜렷해짐(성인), 얼굴과 신측 병변(유·소아)
• 피부가 건조하고 입술, 손발이 잘 튼다.
• 피부 질환이 잘 발생하고 손, 발바닥이나 손가락의 피부가 벗겨지고 갈라진다.
• 병변 부위의 피부에 비늘 모양의 인설(피부가 하얗게 떨어지는 살가죽의 부스러기)이 잘 발생한다.
• 눈 주위의 피부가 검고 결막염이 잘 발생한다.

2 원 인

(1) 유전적 요인

환자의 70~80%에서 아토피 질환의 가족력이 있다. 일란성 쌍생아에서는 아토피 피부염 발생의 일치율이 높고, 이란성 쌍생아는 일반 형제들에서와 같이 일치율이 낮다.

(2) 음 식

소아의 아토피 피부염과 식품 섭취와 관련해서는 일반적으로 40~50% 정도 연관성이 있다. 일반적으로 나이가 어릴수록, 그리고 일반적인 치료에 잘 반응하지 않는 심한 아토피 피부염일수록 식품과 상관관계를 갖는다.

소아 아토피 피부염의 원인 식품으로는 계란, 우유, 땅콩, 대두(콩), 밀, 견과류, 생선 등이 있다.

아토피 피부염과 식품 알레르기 연관성을 의심할 수 있는 경우
- 영유아에서 중등도 이상 심한 아토피 피부염을 앓고 있는 경우
- 특정 식품에 아토피 피부염 증상이 악화되는 병력이 명확히 있는 경우
- 사춘기 청소년이나 성인에서 심한 아토피 피부염을 앓고 있는 경우
- 아토피 피부염의 증상이 심할수록 또는 나이가 어릴수록 연관성이 많다.

(3) 환 경

흡인성 · 접촉성 알레르겐으로서 집먼지 진드기, 실내외 곰팡이, 알레르기 꽃가루(화분), 개나 고양이와 같은 애완동물의 털 등이 유발하는 것으로 밝혀져 있는데, 그중 대표적인 것이 집먼지 진드기로 흡인성 알레르기 원인의 70~80%를 차지한다.

이들은 소아뿐 아니라 성인에게도 만성 아토피 피부염의 중요한 알레르겐으로 작용하고 있다. 이 밖에 증상을 유발하거나 악화하는 요인으로 황사를 포함한 미세한 먼지, 담배 연기, 향수 등 자극적인 냄새 등이 있다.

(4) 외부 기후 변화

피부를 건조하게 하는 외부 기후 변화가 주요 악화 요인이 된다.

(5) 정신적 스트레스

스트레스는 면역 기능을 악화시키고 근육 조직을 수축시켜 혈액의 흐름을 정체시켜 악화 요인으로 작용한다.

(6) 감염이나 손상

국소적인 피부 감염이나 다양한 요인에 의해 피부가 손상되며 화상, 동상, 벌레 물림, 타박상 등이 국소 증상을 악화시킬 수 있다.

(7) 감기 등의 고열 증상

인체는 외부에서 바이러스가 침투하면 이를 이기고자 내부에서 열을 만들어내고, 이 과정에서 피부에 발진과 소양감 등을 증가시켜 증상을 악화시킨다.

3 치 료

아직까지 아토피의 근본 원인을 확실히 규명하지는 못한 실정이다. 그리고 기존에 나와 있는 대부분의 치료는 대증 요법으로 아토피의 근본 치료가 되지 못하고 있다. 그래서 우선은 악화시키는 요인을 제거하고 염증 및 소양감(아프고 가려운 느낌)을 감소시켜 정상 생활을 유지하도록 하는 것이 치료의 주요 방법이다.

1. 대증 요법

아토피 피부염 환자에서 피부 관리의 중요한 목적은 피부 장벽 기능의 회복을 통한 건조 피부의 치료라고 할 수 있다. 이를 위해서는 첫째로 피부를 청결하게 하여 항원으로 작용할 수 있는 물질을 제거하고, 둘째로 피부의 장벽 기능을 강화하여 피부가 건조하지 않도록 유지한다.

(1) 보습제 및 목욕

① 아토피 피부염 환자의 피부 관리에서 가장 중요한 것은 철저한 보습이다. 피부 보습을 위해서는 각질층에 수분을 공급하는 목욕이 도움이 되고, 목욕 후 수분 증발 방지를 위해 보습제를 사용한다.

② 보습제를 사용함으로써 피부 건조에 의한 손상을 방지하고, 외부의 미생물, 오염 물질과 먼지 등으로부터 피부를 보호하는 기능을 한다.

③ 아토피 피부염 환자는 피부의 장벽 기능이 손상되어 있기 때문에 적절한 보습제

를 사용한다. 보습제는 적어도 하루에 두 번 이상 바르도록 하여야 하며, 증상이 없을 때에도 바르고, 특히 수영이나 목욕 후에는 3분 이내에 사용하게 한다.

④ 적절한 목욕은 자극성 물질, 담, 항원, 세균 등을 제거하며 보습제의 흡수를 증가시킬 수 있다.

⑤ 목욕 자체가 일시적으로는 피부에 직접 수분을 공급하지만 과도한 목욕은 피부의 자연 보습 인자 및 수용성 지질을 씻어내어 장벽 기능을 약화시킬 수 있다. 그러므로 목욕은 땀이나 자극성 물질의 제거를 목적으로 매일 1회 정도 10~20분 정도 미지근한 물로 짧게 간단한 샤워 형식으로 하되 목욕 직후에는 반드시 피부 연화제를 도포한다.

목욕 관리 시 주의 사항
- 피부가 건조하거나 증상이 심할 때는 미지근한 물로 하루에 두 번 정도 목욕을 한다.
- 중성 비누, 저자극성 비누를 사용하여 피부 보호막을 손상시키지 않아야 한다. 그리고 염증 부위는 피해서 비누칠을 한다.
- 때를 미는 것은 피부를 손상시켜 염증을 일으킬 수 있으므로 땀을 제거하는 정도의 가벼운 샤워를 한다.
- 목욕 뒤 부드러운 면 수건으로 가볍게 두드려 닦아낸다.
- 목욕이 끝난 후 3분 이내에 물기가 마르기 전에 윤활제, 보습제 등을 발라준다.

(2) 악화 요인의 회피

① 자극 물질 : 비누, 세제 등의 과도한 사용을 금지한다.
② 온도 및 기후 : 차고 건조한 기후, 외부 온도와 습도의 급격한 변화를 피한다.
③ 의복 : 합성 혹은 양털 제품을 피하고, 땀을 잘 흡수하는 부드러운 면제품 의류를 입는다.
④ 육체적 혹은 정신적인 스트레스를 피한다.
⑤ 땀이 나지 않도록 한다.
⑥ 알레르겐(Aeroallergen) : 알레르기 반응을 일으키는 물질인 알레르겐, 즉 꽃가루, 동물의 털 등에 노출되지 않도록 한다.

(3) 식이 조절

① 환자의 병력에서 음식물에 의한 피부염의 악화가 의심이 되면 먼저 음식물의 섭취를 제한하지 않은 상태에서 환자로 하여금 섭취한 음식물과 피부 증상에 관해서 음식물 일기를 쓰게 한다. 음식물 일기에서 의심되는 음식물을 환자의 식단

에서 제한한 후 피부 증상의 호전 유무를 관찰한다.

② 음식물 항원을 이용한 피부 시험 및 유발 시험을 시행한 후 양성 반응을 보인 음식물을 환자의 식단에서 제외하게 한다.

(4) 환경 조절

① 아토피 피부염의 악화를 방지하기 위해서는 서늘하고 습하지 않은 쾌적한 환경을 유지한다.

② 저온, 고온, 건조, 다습한 환경과 스트레스를 유발하는 환경, 발한을 유발하는 환경은 소양감을 일으키고 피부염의 악화를 초래한다. 따라서 환자의 주변 환경에서 먼지, 동물의 털, 꽃가루, 곰팡이 등의 알레르겐의 노출을 피하도록 노력해야 한다.

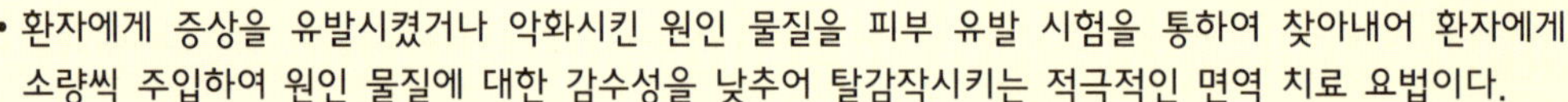

탈감작 요법

- 환자에게 증상을 유발시켰거나 악화시킨 원인 물질을 피부 유발 시험을 통하여 찾아내어 환자에게 소량씩 주입하여 원인 물질에 대한 감수성을 낮추어 탈감작시키는 적극적인 면역 치료 요법이다.
- 일반적으로 이러한 면역 요법은 호흡기, 알레르기, 천식 환자에게 처음 시도되어 효과가 입증되었고, 아토피 피부염 환자에게 적극 추천되고 있지는 않다.

(5) Zn(아연) 요법

아토피 환자들은 특징적으로 Zn(아연)이 부족하므로, 모발 검사를 통해 부족한 미네랄을 분석하고 보충함으로써 아토피의 호전이 보고되고 있다.

(6) 온도와 습도

아토피 피부염은 외부 온도와 습도의 변화에 민감하게 반응하므로 외부 온도와 습도의 급격한 변화는 피부염을 악화 또는 재발시키는 요인이 된다. 습도는 50~60%, 온도는 18~22℃로 항상 일정한 환경을 유지해야 한다.

2. 약물 요법

(1) 항히스타민제

항히스타민제는 면역 반응을 주도하는 비만 세포에서 히스타민이 유리되지 못하도록 하여 가려움증을 경감시키는 기능을 한다. 그러나 이것은 일시적 증상 치료로

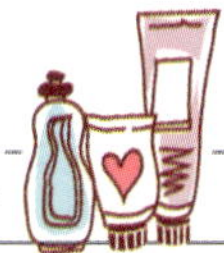

이용해야 하며, 장기간 복용하면 불면, 불안, 식욕 감퇴 등의 부작용을 초래한다.

(2) 스테로이드제(부신 피질 호르몬제)

① 부신 피질 호르몬제는 면역계에 작용하여 소염과 면역 억제 작용을 하므로 항염·항알레르기제로 사용한다. 다만, 환자의 연령, 피부염의 심한 정도, 병변의 부위 등을 고려하여 스테로이드제제의 사용 기간과 강도를 조절한다.

② 바르는 스테로이드의 부작용은 피부가 얇아지고 피부의 색깔이 탈색될 수 있으며 발진이 생길 수 있다. 먹는 스테로이드제제인 경구 프레드니손(Oral Prednisone) 같은 전신 스테로이드의 사용은 만성 아토피 피부염 환자에서는 사용하지 않는 것이 좋다.

③ 장기간 많은 양을 사용했을 때의 전신 부작용으로 부신 기능이 억제될 수 있다. 환자가 급성 악화를 보이는 경우에는 일시적으로 사용한다.

(3) 항생제와 항균제

아토피성 피부염은 그 자체보다 가려워 긁다가 생기는 2차성 세균 감염이 더 무서운 병이다. 아토피 환자의 90% 이상이 황색 포도상 구균에 감염되어 있는데, 이 세균의 외독소가 우리 몸의 면역 체계를 자극하여 알레르기 반응을 일으키는 화학 물질을 나오게 하여 아토피를 악화시키게 된다. 즉, 이 세균 자체가 알레르겐으로 작용한다. 따라서 아토피의 치료에는 적절한 항생 물질의 사용이 필수적이다.

(4) 면역 억제제

사이클로스포린 A(Cyclosporine A)나 타크로리무스(Tacrolimus) 또는 0.1% FK-506 같은 면역 억제제가 아토피 피부염의 원인인 항원 물질에 대한 면역 반응을 억제한다는 점에 착안하여 사용되고 있다. 장기 사용 시 그 부작용이 커서 일부 환자에게 선택적으로 사용된다.

(5) 감마 인터페론(INF-γ)

면역 기능을 강화시켜 주는 생체 반응 조절제 감마 인터페론(INF-γ)을 피하로 주사한다. 작용기전, 효능, 안전성에 대한 연구가 더 필요하며, 다른 치료에 반응하지 않거나 심한 부작용이 발생한 환자에 선택적으로 사용되고 있다.

3. 기타 아토피 치료법

(1) 광선 치료(자외선 치료)

① 자외선(UV-A나 UV-B) 요법은 다른 치료에 잘 듣지 않는 경우에 도움이 될 수 있다. 단파장인 UV-A II(320-340nm)와 장파장 UV-A I(340-400nm)이 모두 UV-B에 비해 치료 효과가 우수하지만, 이 중 장파장인 UV-A I가 특히 우수하다. 고강도 UV-A는 병변 부위의 호산구(산성 색소에 잘 물드는 거칠고 큰 과립을 많이 가진 백혈구)와 표피 랑게르한스 세포에 작용한다.

② 광선 치료는 널리 사용되고 있지 않으나 약물 요법이나 광화학 요법을 사용하지 못하는 어린 환자나 전신 상태가 좋지 않은 환자에게는 비교적 안전하게 사용할 수 있는 치료 방법이다.

(2) 2차 피부 감염의 치료

① 아토피 피부염의 악화를 동반하는 재발성 세균 감염 시 피부 굴절부, 비공(콧구멍), 구각(입꼬리), 안각, 외이도 등의 세균 밀집 부위의 청결을 유지해야 한다.

② 모낭염, 농가진 등의 세균성 감염에는 적절한 경구 및 국소 항생제를 사용하고 병변 부위를 청결하게 유지한다.

③ 항생제 내성 균주에 대해서는 배양 검사 및 감수성 검사 후 적절한 항생제를 사용한다.

④ 재발성 단순 포진은 경구 및 국소 항바이러스제제로 치료한다.

⑤ 재발성 피부사상균증은 병변 부위의 청결 및 환기를 유지하고 경구 및 국소 항진균제를 사용한다.

④ 예방 대책

(1) 음 식

아토피는 알레르기의 원인이 되는 음식을 섭취함으로써 발병하기도 한다. 어린이의 경우는 음식물이 아토피 악화의 주요 원인이 되고 있다.

원인이 되는 음식을 찾는 것은 그리 쉽지는 않지만 음식 일기를 통하여 어떤 음식물이 영향을 미치는지 지속적으로 관찰, 기록하여 원인이 되는 음식물을 정확히 찾아내어 해당 음식을 먹지 않도록 해야 한다.

알레르기와 관련하여 음식 섭취 시 주의해야 할 점

- 알레르기 위험이 있다고 알려진 달걀, 우유, 콩 등을 섭취하지 않으면 영양의 불균형을 초래해서 성장 장애를 일으킬 수 있다.
- 음료나 청량 음료는 직접적으로 알레르기를 일으키는 음식은 아니지만 장 속 세균의 균형을 파괴하고 알레르기 반응을 악화시킬 수 있다.
- 새로운 음식 재료를 첨가할 때에는 1주일 정도 간격을 두고 알레르기 반응을 관찰해야 한다.
- 가열된 기름은 산소와 결합해서 과산화 지질이 되는데, 이것이 몸속에서 피부를 자극해 염증을 일으킬 수 있다.
- 음식 조리 시 열을 가하면 단백질이 변화되어 비교적 알레르기를 덜 일으키게 된다.
- 착색료나 방부제 같은 가공식품 첨가물은 염증 반응을 일으킬 수 있다.
- 신생아는 소화 기관이 발달이 되지 않아 장을 지키는 면역 물질을 충분히 만들어낼 수 없기 때문에 6개월 이내에 이유식을 시작할 경우 알레르기 원인 물질이 될 수 있다.
- 아토피에 좋은 음식 : 녹황색 야채, 과일, 율무, 조, 현미, 찹쌀, 녹두, 우엉, 가지, 다시마, 미역, 김, 고구마, 마, 밤, 표고버섯, 대추, 포도, 검은깨, 토마토 등이 있다.
- 아토피에 주의해야 할 음식 : 우유, 유제품, 달걀, 초콜릿, 오징어, 고등어, 새우, 게, 홍합, 튀김류, 꿀, 견과류(호두, 잣, 땅콩), 밀가루 음식(과자, 빵), 인스턴트 음식(라면, 피자, 햄) 등이 있다.

(2) 주위 환경

① 온도(20℃)와 습도(50~60%)를 항상 적정하게 유지하여 피부가 건조해지거나 땀이 나는 환경을 피한다.

② 집안을 깨끗이 해 집먼지 진드기를 줄이는 것이 중요하다. 특히, 집먼지 진드기의 서식처인 카펫, 인형, 동물의 털, 이불, 커튼을 청결히 하고, 침대보다 온돌을 사용한다.

③ 화학 물질, 애완동물 등의 유발 인자를 없애야 한다.

④ 과거에 증상을 악화시켰던 요소들과 접촉하지 않도록 한다.

(3) 피부 관리

피부가 건조해지면 가려움증과 피부 병변이 심해지기 쉽다. 그러므로 겨울이나 봄같이 건조한 시기에는 더욱 피부 관리에 깊은 관심과 세심한 주의가 필요하며, 집안의 습도를 적당히 유지시켜 주어야 한다. 또한 여름에는 땀이 나면 피부에 자극이 가해져서 가려움이 심해지므로 땀이 나면 곧바로 씻어준다.

알코올을 함유하는 로션제제는 피부의 수분을 증발시키므로 사용하지 않는다.

(4) 의복 및 침구류

① 새 옷은 화학 성분을 없애기 위해 빨아 입고, 표백제는 금한다.

② 빨래 후에는 옷에 세제가 남아 있지 않도록 잘 헹군다.

③ 합성 섬유는 피하고 땀을 잘 흡수하도록 면섬유를 착용한다.

④ 타이즈나 스타킹같이 통풍이 안 되는 옷은 피한다.

⑤ 침구류는 햇볕에 말리고 먼지가 없도록 청결을 유지한다.

⑥ 침대 매트리스나 카펫은 집먼지 진드기의 서식처가 되므로 주기적으로 세탁한다.

04 노 화

1 원 인

노화가 일어나는 원인은 '프로그램설'과 '비프로그램설'로 나뉜다.

프로그램설에서는 노화나 죽음은 미리 생물에 프로그램 되어 있는 것으로 보며, 비프로그램설에서는 갖가지 장해나 내부적 요인에 의한 작용이 축적되어 노화에 이르는 것으로 본다. 프로그램설을 내적 요인에 의한 자연 노화로, 비프로그램설을 외적 요인에 의한 노화로 설명하기도 한다.

(1) 프로그램설(내적 요인, 내인성 노화)

내적인 노화는 여러 가지 학설이 있지만 우리 몸 세포의 유전자는 태어날 때부터 이미 프로그램 되어 정해진 수의 세포 분열을 한 후 더 이상 분열하지 않고 세포 주기의 세포 분열 후 다음 분열까지 준비하는 단계에 정지되어 있다고 세포 노화의 기전을 설명하고 있다.

또 하나의 이론은 염색체 말단의 소멸 이론으로 염색체 말단(Telomere)이 세포 분열시 소멸되어 분열할수록 염색체가 짧아져 더 이상 분열할 수 없는 세포로 노화 된다는 이론이다.

프로그램 설에서 최근 가장 주목되는 것은 '노화 유전자'의 존재이다. 인간의 유전자 속에 수명이나 노화를 결정짓는 노화 유전자가 존재하여, 세포가 특정 유전자들의 발현에 따라 스스로 분해되어 사라지는 과정을 겪는다는 것이다. 이 과정을 '아포토시스(Apotosis)'라 한다. 아포토시스의 예로 태아의 손은 생성 초기에는 손가락 구분이 없는 주먹 형태지만, 손가락들 사이의 세포들이 아포토시스 과정을 거쳐 스스로 죽음으로써 남은 부분이 손가락이 된다.

(2) 비프로그램설(외적 요인, 외인성 노화)

외인성 노화란 햇볕 속의 자외선이나 담배, 술, 의약품, 스트레스 등에 의해 피부의 세포 노화를 가속시킨다는 이론이다. 햇볕에 의한 피부의 손상은 피부 노화의 과정을 더욱 가속화시키며, 자외선, 공해, 스트레스 등으로 인해 후천적으로 나타나는 노화를 가리킨다.

자외선에 의한 노화 현상을 광노화(Photoaging)라 한다. 이는 노화에 의한 피부가

얇아지는 내적인 노화와 달리 초기는 일시적으로 피부를 두껍게 변화시키는데, 가장 특징적인 변화는 탄력 섬유가 손상되어 일광 탄력 섬유증이 유발되며 건조, 주름, 거칠어진 피부, 과색소 침착, 모세 혈관 확장, 자반증, 피부암이 발생할 수 있다.

또한 외인성 노화는 자외선, 스트레스, 방사선, 화학 물질, 과격한 운동, 음주, 흡연 등에 의해 발생하는 활성 산소가 세포의 지질이나 단백질 유전자를 공격하여 파괴시킴으로써 세포 노화의 원인이 되기도 한다.

2 노화의 요인에 따른 메커니즘

(1) 신경내분비설

뇌하수체 호르몬은 여러 말초 호르몬의 분비에 영향을 주는데, 나이가 들어감에 따라 호르몬의 분비가 감소되면서 늙어간다는 설이다.

(2) 유전자설

사람은 태어날 때부터 세포 내 DNA가 세포 분열 시 손상되고 파괴되어 DNA, RNA의 합성을 저하시킨다는 설이다.

(3) 노폐물설

세포가 생산하는 노폐물에 따라 세포 분열의 횟수가 결정된다는 설이다.

(4) 생물학적 시계설

레오날드 페이프릭 박사가 제창한 것으로 각 세포는 50회밖에 분열하지 않는다는 설이다.

(5) 면역 저하설

나이가 들면서 면역 능력이 저하되어 죽게 된다는 설이다.

(6) 미토콘드리아 변이설

세포 속에는 에너지를 생산하는 미토콘드리아(Mitochondria)가 있는데 활성 산소가 미토콘드리아의 기능을 파괴하여 세포의 노화를 일으킨다는 설이다.

(7) DNA Error 파국설

단백질은 세포 속에서 DNA의 명령에 따라 합성이 되는데 때로는 DNA의 명령에 이상이 생겨 단백질 합성이 정확하게 이루어지지 않아 노화의 원인이 된다는 설이다.

(8) 자기면역설

면역 기능이 과잉이 되어 인체의 자가 조직을 이물질과 잘못 인식하여 항체를 만드는 자기 면역 질환으로 노화를 돕는다는 설이다.

(9) 칼로리 과잉설

칼로리 과잉 섭취보다 제한 섭취가 오래 살 수 있다는 동물 실험에서 얻은 설이다.

(10) 유전자 변이설

방사선, 자외선 등의 영향을 받아 유전자가 변이를 일으켜 노화, 암, 그리고 죽음에 이른다는 설이다.

(11) 텔로미어 학설

염색체의 양 말단에 텔로미어(Telomere)라고 하는 DNA와 단백질 복합체가 염색체를 안정시키고 있다가, 염색체가 분열을 거듭할 때마다 이 텔로미어가 떨어져 나가 짧아지며 어느 횟수까지 분열하면 염색체가 불안정해지면서 세포는 자기 방어를 위해서 더 이상 분열을 하지 않는다는 설이다.

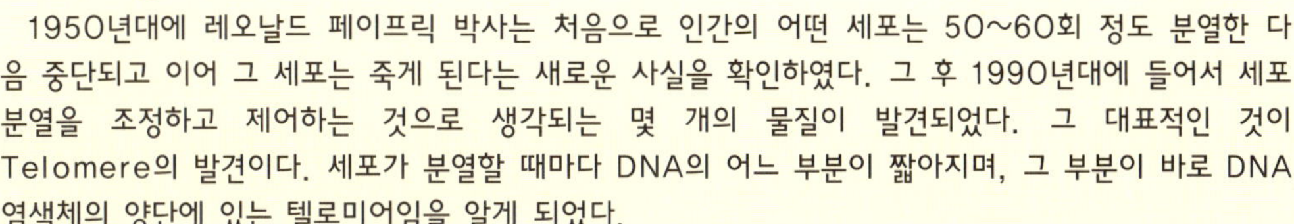

노화와 텔로미어(Telomere)

1950년대에 레오날드 페이프릭 박사는 처음으로 인간의 어떤 세포는 50~60회 정도 분열한 다음 중단되고 이어 그 세포는 죽게 된다는 새로운 사실을 확인하였다. 그 후 1990년대에 들어서 세포 분열을 조정하고 제어하는 것으로 생각되는 몇 개의 물질이 발견되었다. 그 대표적인 것이 Telomere의 발견이다. 세포가 분열할 때마다 DNA의 어느 부분이 짧아지며, 그 부분이 바로 DNA 염색체의 양단에 있는 텔로미어임을 알게 되었다.

유전자는 뉴클레오티드(Nucleotide)라고 하는 물질이 실처럼 길게 연결된 분자로 체내에서 세포가 증식을 거듭할 때마다 유전자는 정확히 복사되어 딸세포로 승계된다. 그러나 텔로미어 부분은 예외로 DNA 복제의 메커니즘에서 텔로미어 말단의 DNA는 세포 분열 때마다 짧아지고 있는데, 1회 분열이 일어날 때마다 짧아지는 길이는 50~100염기 정도가 된다.

반면 80세 전후에서는 대부분의 세포 텔로미어는 아직도 얼마만큼의 세포 분열을 일으킬 수 있는 길이가 남아 있다고 주장하며, 텔로미어의 길이가 노화나 수명의 절대적인 인자는 아니라는 일부 학자들의 의견도 있다.

최근 텔로미어의 단축을 억제하는 텔로미어라제(Telomerease)라고 하는 효소에 대한 연구가 활발히 이루어지고 있는데 이것은 텔로미어라제를 이용한 수명 연장의 가능성 때문이다.

(12) 활성 산소

① 생명체는 공기 중의 산소를 호흡하고, 산화시켜 얻어지는 에너지를 이용하여 생명을 유지한다. 이런 산소가 필요한 대사 과정에서 불가피하게 세포를 파괴시키는 독성 물질들이 부산물로 만들어지는데 이것을 활성 산소라고 한다.

② 활성 산소는 세포나 세포 소기관에 손상을 초래하기도 하며, 생체 내 여러 단백질의 아미노산을 산화시켜 단백질의 기능 저하를 초래한다. 핵산에도 손상을 주는데, 핵산 염기의 변형, 핵산 염기의 유리, 결합의 절단, 당의 산화 분해 등을 초래하여 세포 노화, 돌연변이나 암의 원인이 되기도 한다.

③ 인간의 몸 안에서 활성 산소가 피해만 주고 있는 것은 아니며 우리 몸에 없어서는 안 될 중요한 역할을 하고 있다.

④ 병원체나 이물질을 제거하기 위한 생체 방어 과정에서도 O_2, H_2O_2와 같은 활성 산소가 대량 발생하며, 이들의 강한 살균 작용을 통해서 병원체로부터 인체를 보호하는 작용을 하기도 한다. 우리 몸은 세균이나 바이러스에 감염되면 임파구 등의 면역 체계가 작동하여 병원체를 제거하는데, 활성 산소가 중요한 인자로 작용한다.

⑤ 노화와 활성 산소의 관계에 대해서 학자들의 관심이 집중되고 있는 것은 에너지 대사가 클수록 수명(壽命)은 단축된다는 사실이다. 활성 산소는 노화는 물론 동맥 경화, 당뇨병, 심근 경색, 위궤양, 간염, 신장염 및 아토피성 피부염 등 여러 질병 발생과 깊은 관계가 있어 현대 의학이나 약학에서는 스트레스와 더불어 '만병의 근원' 이라고도 한다.

⑥ 일단 활성 산소의 생성을 최소화시킨다. 활성 산소를 많이 만드는 흡연, 공해, 자외선, 식품 첨가물, 과음, 과식, 지나친 운동 등 각종 유해 환경에 노출되는 것을 최소화한다.

3 노화 피부의 특징

① 피부의 노화가 진행되면 보습 인자의 감소로 피부의 수분 함량이 떨어지고 표피층의 각질이 두터워져서 피부가 거칠고 투박해지며, 전체 표피층의 두께는 얇아져서 피부가 얇게 느껴진다.

② 표피 진피 경계부(Dermoepidermal Junction)는 혈액 순환의 장애와 유전적 소인, 영양 상태, 스트레스, 질병 등으로 인해 정상적인 물결 모양이 소실되어 편

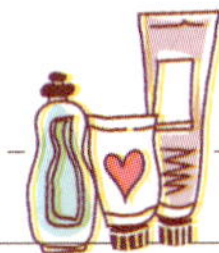

평해지고, 경계부의 접촉 면적이 감소하며 표피로의 혈액 순환과 영양 공급이 부실해진다.

③ 진피층의 콜라겐을 합성하는 섬유 세포의 활동이 감소하여 콜라겐이나 엘라스틴 합성이 감소하여 진피층에 있는 탄력 섬유의 양과 탄력성이 떨어져 피부의 탄력이 감소되며, 피부의 수분 보유 능력이 감소되어 건조증을 동반한다.

④ 대사 과정 중이나 자외선에 의해 발생한 유해 활성 산소가 세포막에 있는 지질을 공격하여 산화시키게 되고 산화된 지질에 의해 세포막은 손상되어 피부 노화는 가속화된다.

4 노화의 외적 증상

① 피부 탄력 감소와 중력에 의해 눈꺼풀, 눈 밑, 턱 주변의 피부가 처진다.
② 검버섯, 잡티 등 색소 질환이 많아진다.
③ 이마, 양미간 주름, 눈가 잔주름, 팔자 주름이 선명해진다.
④ 입술 주변에 수직 잔주름이 생기고, 입술 라인이 불분명해진다.
⑤ 피부가 건조해지고 거칠어지며 탄력이 감소한다.
⑥ 혈액 순환의 감소로 인하여 피부가 어두워 보인다.
⑦ 국소적으로 미세 혈관의 확장이 보인다.
⑧ 안와 내 지방 위축으로 눈이 들어가 보인다.

5 주름의 원인

주름(Wrinkle)은 표정근의 수축에 의해 근육의 수직 방향으로 피부에 흠이 생기면서 발생한다. 또한 피부 노화에 의한 피하의 진피층 내에서 만들어지는 콜라겐, 엘라스틴 같은 섬유질과 히알루론산이 줄어들기 때문에 탄력 감소로 2차적으로 가속화된다.

① **자연 노화** : 진피층의 콜라겐과 엘라스틴의 감소로 주름이 만들어지고 탄력이 감소한다.
② **중력** : 탄력을 잃은 피부는 중력에 의해 아래로 처져 팔자 주름이 심해진다.
③ **자외선** : 자외선을 많이 쐬게 되면 세포의 손상으로 진피층의 콜라겐이 노화되어 얇아지고 탄력이 감소하여 주름이 생긴다. 자외선에 노출된 시간만큼 노화가 촉진된다.

④ **표정** : 이마, 미간, 눈꼬리, 입가의 팔자 주름은 습관적인 표정에 의해 생긴다.
⑤ **흡연** : 니코틴은 피부의 모세 혈관을 수축시켜서 혈액 순환을 감소시키는데, 혈액 순환이 느려질수록 피부의 혈관을 통하는 혈액량은 줄어들어 피부는 누렇게 보인다.

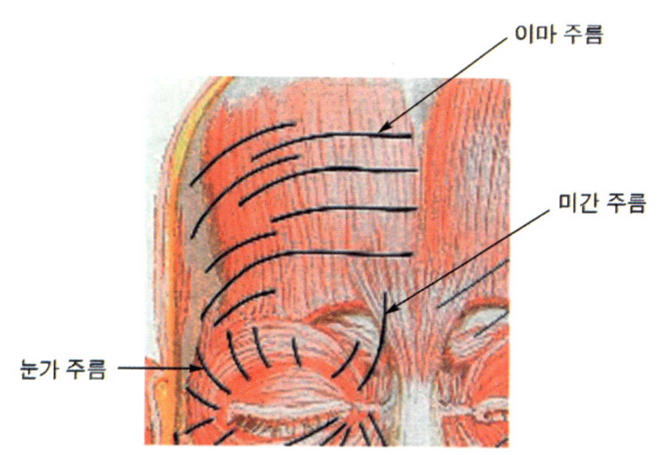

※ 안면 근육의 운동 방향에 수직으로 주름이 생긴다.

[그림] 주 름

6 피부 노화의 치료 및 예방

피부 노화는 시간이 지나면서 오는 정상적인 과정이라 하지만 식습관 및 생활 습관의 개선으로도 많은 호전을 가져올 수 있다.
다음은 노화 예방을 위한 방법들이다.

① 탄수화물, 단백질 및 무기질이 풍부하고 영양소가 골고루 함유된 균형 있는 식사는 노화 예방의 필수이다. 이와 더불어 피부 노화를 막을 수 있는 비타민 C, 비타민 A, 비타민 E 등이 풍부한 푸른 야채, 등 푸른 생선 등의 음식을 많이 섭취하는 것도 중요하다.
② 충분한 수면과 적당한 운동 등으로 생체 리듬을 건강하게 유지하는 것도 피부 재생력 회복에 중요하다.
또 적당한 운동과 따뜻한 욕조 목욕은 혈액 순환을 좋게 하여 영양 공급과 신진 대사를 촉진시켜 준다.
피부 노화를 방지해 주는 항산화 효소인 SOD(Superoxide Dismutase)의 활발한

활동을 위해서는 건강한 생체 리듬과 신진대사가 무엇보다 중요하다.

인체의 이런 효소 시스템은 독립적으로 활동하는 것이 아니고, 다른 효소 시스템과 연관되어 있으므로 건강하고 아름다운 피부를 위해서는 적절한 음식물 섭취와 운동, 충분한 수면을 통해 전신 건강을 잘 유지하는 것이 중요하다.

③ 자외선 차단제(일광 차단제, 선크림)를 사용한다.

자외선에 의한 피부 변화를 예방하기 위해서는 자외선 차단제를 매일 꾸준히 바르는 것이 중요하다. 일상생활에서 사용하는 자외선 차단제의 차단 지수는 SPF 15 정도가 적당하며, 야외 활동 시에는 SPF 30 이상을 사용한다.

SPF는 UV-B의 차단 능력을 표시하는 것으로, 노화 예방을 위해서는 피부 깊은 곳까지 침투하여 주름의 직접적인 원인이 되는 UV-A를 위해 'PA+'가 포함된 적당한 자외선 차단제를 선택하여 3~4시간마다 덧발라 주는 것이 노화 방지에 효과적이다.

④ 흡연은 피부 노화와 피부색을 칙칙하게 만드는 주범이다.

담배의 주 성분인 니코틴은 피부에 영양분을 공급하는 혈관을 수축시켜 피부를 창백하고, 칙칙하게 한다. 또한 흡연은 피부의 재생 능력을 떨어뜨려서 젊은 나이에도 잔주름의 원인이 된다.

⑤ 눈가 주름 관리는 피부의 보습 유지 및 표정 관리가 중요하다.

기온이 저하되고 공기가 건조하면 피부가 쉽게 수분을 잃어버려 잔주름이 생기게 되는데, 특히 눈 주위는 유분이 거의 없으므로 눈가 피부에는 영양과 수분을 충분히 공급해 줄 수 있는 보습 효과가 높은 화장품(아이 크림이나 아이 젤)을 발라서 피부에 보호막을 형성시켜 주어야 한다.

비타민 C는 콜라겐 생성을 촉진시켜 피부 재생 효과가 있으며, 피부 노화의 주범인 활성 산소를 없애주어 노화 방지에 탁월하다. 비타민 C를 함유한 아이크림이나 아이젤, 비타민 C 농축 세럼 등은 눈가의 잔주름 예방에 효과적이다.

7 주름의 예방 및 치료

1. 피부 마사지

피부 마사지를 통하여 피부의 혈액 순환을 개선할 수 있으며, 림프 순환을 촉진시켜 부종을 개선함으로써 피부에 탄력을 줄 수 있다.

2. 표정 관리

이마를 찡그리거나 긴장하면서 양미간을 좁히고 있으면 내천자(川) 주름이 많이 생기고, 눈웃음을 많이 하면 눈가 주름이 생기게 된다. 주름이 생성되지 않도록 표정 관리를 하는 것이 중요하다.

3. 시력 관리

시력이 나쁘면 자꾸 눈살을 찌푸리게 되어 눈가 주름이 많이 늘어나게 된다. 시력 관리도 눈가 주름 예방의 중요한 방법 중의 하나이다.

4. 비수술적 주름 치료

(1) 레티노이드 연고

① 비타민 A의 유도체인 레티노이드는 표피 세포의 각질화와 분화를 조절하여 표피 세포 간 결합력을 감소시키고 세포 주기(Turn Over)를 단축시키는 피부 재생 연고로 알려져 있다.

② 표피에서는 멜라닌이 분산, 촉진되어 색소 침착을 완화하고, 진피에서는 콜라겐 형성을 촉진하는 재생 작용이 있어 여드름 흉터 치유, 노화 피부 재생에 효과적이다.

③ 레티노이드는 얇은 피부 박피 효과가 있어 노화된 피부의 일부분을 살짝 벗겨내어 새로운 세포들을 생성시키고, 진피 내 콜라겐 섬유의 재생을 도와서 잔주름의 치료에 도움을 준다.

④ 최근 잔주름을 없애는 기능성 화장품들은 레티놀, AHA(Alpha-Hydroxy Acid), BHA(Beta-Hydroxy Acid) 등 피부의 재생을 돕는 효능이 알려진 생약 성분을 포함하고 있다.

(2) 비타민 C

잔주름을 없애는 또 하나의 방법은 순수 비타민 C인 아스콜빅산과 레티노이드를 이온 영동법과 초음파 요법을 이용해 진피 깊숙이 침투시켜 진피를 재생시키는 노화 피부 관리법이다.

(3) 보툴리늄 톡신

보툴리늄 톡신은 신경근 접합부에 작용하여 근육의 수축 기능을 마비시킨다. 이는 근육의 움직임에 의하여 발생하는 이마 주름, 미간 주름, 눈가 주름, 콧등의 주름 등에 효과적으로 이용될 수 있다. 또한 최근 더모톡신(Dermotoxin) 개념이 소개되면서 진피층에 보툴리늄 톡신을 소량 주입함으로써 피부의 리프팅 작용을 보이는 시술이 메디-에스테틱 영역에서 많이 시행되고 있다.

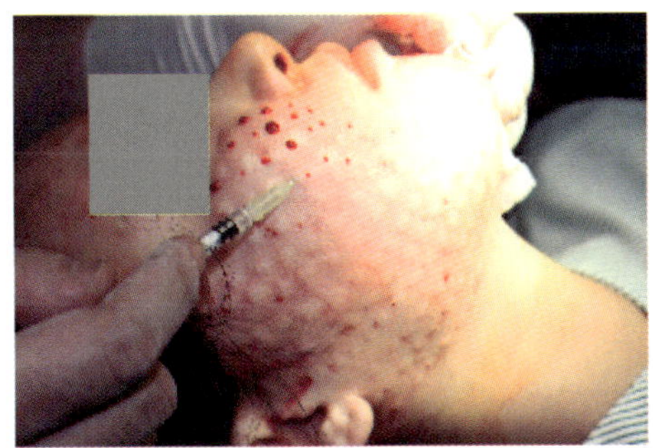

[그림] 더모톡신(Dermotoxin) 시술 장면

(4) 필러 시술

깊은 주름이나 잔주름에 필러를 국소적으로 주입함으로써 주름을 없애는 방법으로, 보툴리늄 톡신과 같이 사용 시에 효과가 증대된다. 미간 주름이나 팔자 주름에 주로 이용된다.

(5) 레이저 시술

잔주름이 많을 경우에는 레이저 시술을 통해 박피술을 시행하거나 Non-abrasion(표피를 탈락시키지 않는) 레이저를 이용하여 진피층에서 피부 재생을 유도하는 방법들이 시행되고 있다.

최근 프락셀 레이저가 개발되어 표피의 손상을 줄이며 뚫고 들어가 진피층에 수많은 레이저 광을 조사함으로써 진피층의 염증 반응을 유도하고, 콜라겐 생성을 촉진하여 잔주름을 치료하는 방법들이 많이 시행되고 있다.

(6) 화학적 박피술

화학적 박피술은 시술 효과는 좋으나 시술 후 관리의 어려움과 과색소 침착 등의
합병증 발생률이 높다. 최근 간편한 레이저 시술이 발달되면서 화학적 박피술은 많
이 시행되지 않는 추세이다.

5. 수술적 주름 치료

주름 제거 수술은 미국의 Cantrell(1902)과 프랑스의 Cabanes(1903)가 최초로 시행
하였다고 알려져 있다. 내시경적 상안면 거상술이나 Aptos 실을 이용한 안면 거상술,
엔도타인(Endotine)이라는 시간이 지나면 녹아 흡수되는 중합체를 이용한 안면 거상
술 등 다양한 방법들이 시행되고 있다.

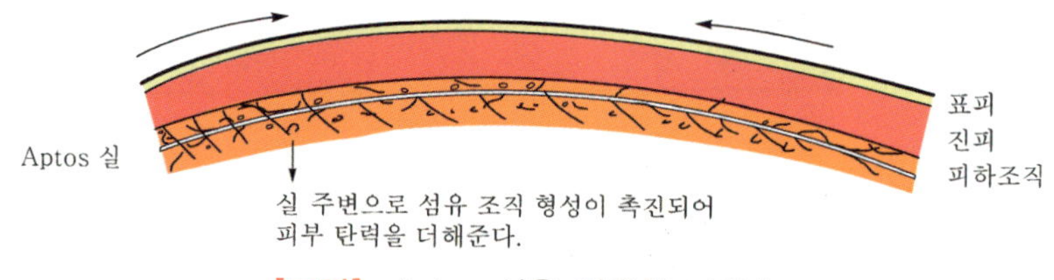

[그림] Aptos 실을 이용한 거상술

05 비만

① 정 의

비만이란 우리 몸의 비지방 성분에 비해 지방 조직이 과도한 상태로 축적된 것을 말한다. 과도한 음식 섭취 후 에너지 섭취와 소비 사이에 불균형이 일어나 섭취 에너지 중 소모되고 남은 부분이 지방으로 전환되어 체내의 피하 조직과 복강 내에 축적되는 현상을 비만이라 한다.

지방은 우리 몸에서 에너지 저장원, 외부에 대한 방어 및 단열재로서 체온 유지 역할을 하는 중요한 조직이지만 그 양이 과다할 때는 대사에 장해를 초래하여 성인병의 주요 원인으로 작용한다.

1996년 세계보건기구(WHO)는 비만을 치료해야 하는 질병으로 발표하였다. 비만을 질병의 범주로 분류한 것은 질병 그 자체보다는 비만으로 인한 합병증이 더 심각한 문제를 야기하기 때문이다. 비만으로 인한 질병에는 고혈압, 당뇨, 뇌혈관 질환, 고지혈증, 심장 질환 등이 있고 이외에 통풍, 불임, 월경 불순, 정력 감퇴 등과 같은 내분비 기능 이상과도 연관성이 있다.

② 원 인

(1) 식습관

가장 중요하고 직접적인 요인으로 작용한다. 식사량뿐만 아니라 내용 및 섭취 방법 등이 문제가 되며, 특히 간식이나 야식이 원인이 된다.

(2) 활동 부족

에너지 섭취량이 정상이더라도 활동량이 적어 에너지 소모가 감소하면 비만이 생길 수 있다. 비만인들의 대부분은 활동량이 부족하고, 규칙적인 운동이 부족한 소극적인 생활을 한다.

(3) 유전적 요인

부모의 한쪽 또는 모두가 비만일 경우 자녀가 비만일 확률은 60~80%이다.

(4) 중추신경계 이상

음식 섭취의 조절은 자율 신경에 의해 이루어지므로 자율 신경의 조절 기능이 깨지면 식사에 대한 억제와 조절이 되지 않는다. 이로 인해, 영양 과잉의 원인이 되어 비만이 올 수 있고, 거식증과 같이 영양 섭취를 못하는 경우도 발생할 수 있다.

(5) 호르몬 요인

에너지 소비에 중요한 부분을 차지하는 것이 기초 대사량이다. 기초 대사량이란 우리가 운동을 하지 않더라도 삶을 영위하면서 기본적으로 소비하는 에너지이다.

이런 기초 대사의 조절은 호르몬에 의한다. 따라서 갑상선 기능 저하증, 쿠싱 증후군 등 일부 내분비 질환에서 비만이 동반될 수 있으며, 부신 피질 호르몬과 생식선 호르몬은 비만과 밀접한 관련이 있다.

(6) 심리적 장애

비만증 환자에게서는 부모의 과잉보호에 의한 영향과 열등의식을 볼 수 있다. 주로 사회에서의 적응 곤란, 학업 성적 불량 또는 애정 결핍 등의 불만을 해소하기 위한 수단으로 음식물을 과잉 섭취하여 비만이 오게 된다.

(7) 사회, 문화, 경제적 요인

경제적 성장과 산업 구조의 변화로 말미암아 식생활이 개선되고, 인터넷 등 놀이 문화의 변화로 인하여 활동량이 감소되면서 과체중과 비만 체형의 발생 빈도가 높아지고 있다.

③ 유 형

(1) 지방 세포의 수와 크기에 따른 분류

① 세포 증가형
  ㉠ 정상보다 지방 세포의 수가 많은 비만을 의미한다. 특히 성장기에 흔하며 일반적인 치료에 잘 반응하지 않는다.
  ㉡ 소아 비만은 세포 증가형이 많고, 어른이 되고서도 계속되고 있다면 치료는 매우 어렵다.
② 세포 증대형
  ㉠ 각 지방 세포의 크기가 큰 비만 형태를 의미한다.
  ㉡ 세포 증대형은 성장기 이후 지방 세포의 분화가 이미 끝난 성인에게서 발생

하는 비만이므로 중년 이후에 살이 찌기 시작하는 경우이다. 이 경우처럼 지방 세포 자체가 큰 중년 비만의 경우는 비만 치료가 비교적 쉽다.

③ 혼합형 비만

세포 증가형과 세포 증대형이 혼합된 형태로 지방 세포의 수도 많고, 크기도 큰 비만을 의미한다.

(2) 지방 세포의 체내 분포에 따른 분류

① 비만의 정도나 체지방량이 동일하다 하더라도 비만의 유형이나 축적된 지방의 분포에 따라 형태적인 차이뿐만 아니라 이환율(병에 걸리는 비율)에도 차이가 있다.

② 복부형(Abdominal) 또는 상체형(Upper Body), 남성형(Android) 비만은 복부나 허리에 지방이 축적된 형태이고, 둔부형(Gluteal) 또는 하체형(Lower Body), 여성형(Gynoid) 비만은 둔부나 하지에 지방이 축적된 형태이다.

③ 복부형 비만이 둔부형 비만보다 고혈압, 당뇨병, 고지혈증, 인슐린 저항성 등의 심혈관계 질환과 관련이 더욱 높다.

④ 같은 복부형 비만이라할지라도 지방 축적이 내장형인지, 피하형인지에 따라 건강에 미치는 위험은 달라질 수 있어 이를 평가하기 위해서는 컴퓨터 단층 촬영 등을 이용하게 된다.

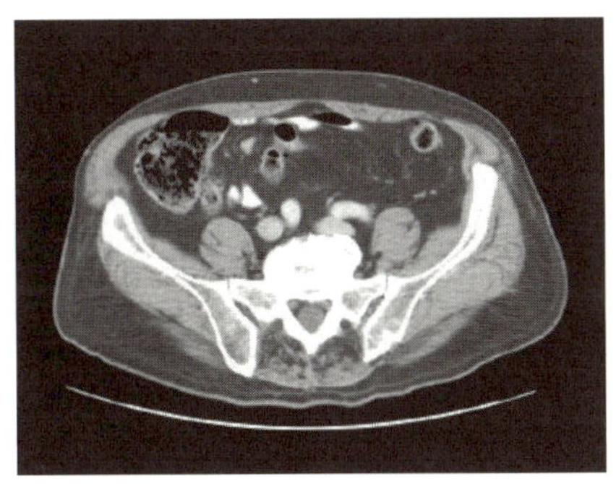

(a) 과다한 내장 지방

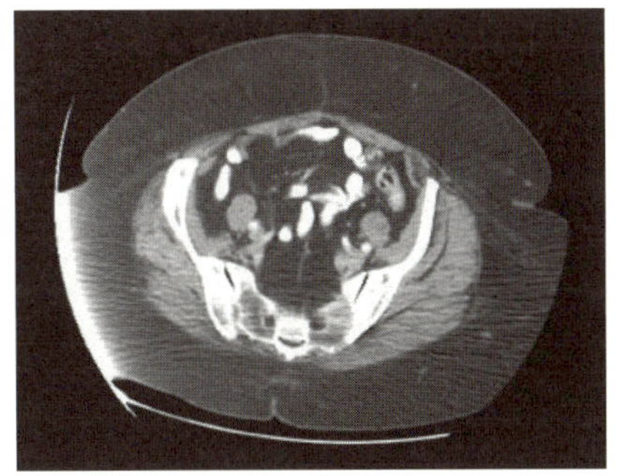

(b) 과다한 피하 지방

[그림] 복부 비만의 전산화 단층 촬영(CT) 분류

비만과 인슐린

비만인 사람은 정상에 비해 혈중 인슐린 농도가 높은 경우가 많다. 인슐린은 간, 지방, 근육 등의 세포막에 존재하는 인슐린 수용체와 결합하여 혈중 포도당을 세포 내로 흡수하여 혈당을 낮추는 작용을 한다.

⑤ 비만한 사람에서 지방 세포가 비대해지면, 세포막의 인슐린 수용체 기능이 감소되고, 그 결과 인슐린 저항성이 발생되어 더 많은 인슐린 분비를 필요로 하게 된다. 이러한 고인슐린 혈증과 인슐린 저항성의 증가에 따라 당 대사, 지질 대사 등에 이상이 발생하여 인슐린 비의존성 당뇨병(NIDDM, Non-Insulin Deficency Diabetes Mellitus)과 고지혈 등의 내분비 대사 이상을 일으키게 된다.

⑥ 소아에서 보이는 증식성 비만에서는 세포의 수는 많아지나 지방 세포의 세포벽 인슐린 수용체의 기능은 특별한 이상이 없어 인슐린 대사에 큰 영향이 없다. 그러나 성인에서 시작된 비대성 비만에서는 고인슐린 혈증의 정도가 현저하고 인슐린 저항성이 증강되어 있다.

⑦ 성인의 비만에서는 인슐린 수용체의 기능 이상뿐만 아니라, 수용체 이후의 세포 내 대사계에도 장애가 있어 인슐린 저항성이 더 심하기 때문이라고 생각된다. 따라서 중년에 체중이 증가되는 비대성 비만은 각종 내분비 대사 이상의 동반이 빈번하여 각종 성인병의 주요 원인이 되고 있다.

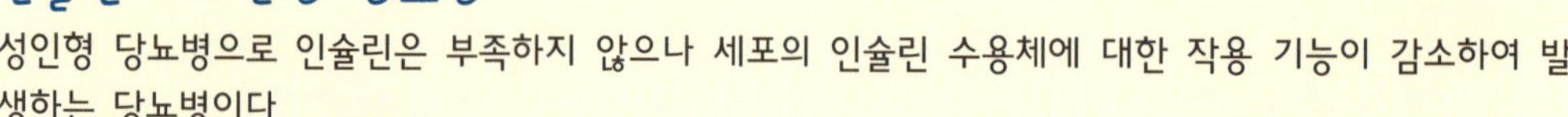

인슐린 비의존성 당뇨병

성인형 당뇨병으로 인슐린은 부족하지 않으나 세포의 인슐린 수용체에 대한 작용 기능이 감소하여 발생하는 당뇨병이다.

④ 평 가

1. 체중 – 신장 지수

체중 및 신장을 이용하여 비용이 저렴하면서도 정확하고 간편하게 실제 임상에서

쉽게 적용할 수 있다. 체중-신장 지수는 체지방이 많은 사람과 체지방 조직이 많은 사람을 구별할 수 없다는 단점이 있다.

(1) 표준 체중법(Ideal Body Weight)

① 표준 체중이란 산출 방식에 따라 여러 가지가 있으나 성인의 경우, 보건복지가족부 통계표와 표준 체중표를 사용한다.

② 표준 체중표는 한국인 평균 체중을 키 또는 성별로 산출한 것을 표준 체중으로 표시한 것이다. 대개 자신의 키에서 100을 뺀 숫자가 자신의 표준 체중에 가깝다고 하는데, 이것은 어린이의 경우에는 적용이 안 된다. 160cm 이상 신장에서는 110을 뺀 값이 표준 체중에 가깝다.

③ 100을 빼고 0.9를 곱하는 방법, '(신장－100)×0.9＝표준 체중'이라는 수식을 사용하여 표준 체중값을 구하기도 한다.

④ 실제의 체중과 표준 체중과의 차이 값을 다시 표준 체중으로 나누어 백분율로 나타낸 것을 비만도(%)로 표시하기도 한다.

비만도(%) ＝실제 체중/표준 체중×100

기 준	상 태
비만도 120% 이상	비만
비만도 120~140%	경도 비만
비만도 140~200%	중등도 비만
비만도 200% 이상	고도 비만

(2) 체질량 지수(BMI, Body Mass Index ; Quetelet's Index)

① 체질량 지수는 신장-체중을 이용한 지수 중에 가장 체지방량과 관련성이 높아 실제 임상에서 가장 많이 사용하고 있다.

② 미국의 National Health and Nutrition Examination Survey와 우리나라의 국민 영양 조사에서 이 체질량 지수를 이용해서 비만을 판정하고 있을 정도로 체질량 지수는 비만 판정의 중요한 지수이다.

③ 세계보건기구(WHO)에서는 체질량 지수에 의한 비만의 정도를 나누고 있다. 그러나 우리나라 국민 영양 조사에서는 20~24.9kg/m^{2}를 정상 체중으로 보고 비만을 판정하는 기준을 체질량 지수 25kg/m^2 이상으로 정하고 있다.

$$\text{체질량 지수}(kg/m^2) = \text{체중}(kg)/[\text{신장}(m)]^2$$

세계보건기구 지정 체질량 지수에 의한 비만 판정기준

범 위	체질량 지수	비만 등급	관련 질병 발병 위험성
저체중	18.5 이하		
정상 체중	18.5~24.9		
과체중	25.0~29.9		증가.
비만	30.0~34.9	I	높다.
	35.0~39.9	II	매우 높다.
극단적 비만	40.0 이상	III	극단적으로 높다.

2. 체지방량

과학 기술의 발달로 인하여 직간접적으로 체내 지방의 양을 정확히 수치화할 수 있게 되었다. 성인에서 정상적인 경우 남자는 15~18%, 여자는 20~25%의 체지방을 갖게 된다. 소아에서는 체지방량이 남자의 경우 15% 이상, 여자의 경우 20% 이상일 때 비만으로 평가하고, 성인에서는 남자 25% 이상, 여자 30% 이상일 때 비만으로 여긴다.

(1) 측정 방법

① **직접 측정법** : 수중 밀도법, 체내 총수분량 측정법 등이 있지만 그 과정이 복잡하여 잘 이용되지 않는다.

② **간접 측정법** : 피부 주름 두께 측정법, 생체 전기저항 분석법, 근적외선 이용법 등으로 실제 임상에서 많이 이용되고 있다.

(2) 피부 주름 두께 측정법

측정은 캘리퍼(Caliper)를 이용하여 측정을 하는데, 방법이 용이할 뿐 아니라 국소의 체지방량을 측정할 수 있어 임상에서 많이 이용되고 있다. 특히 지방 흡입술 전후에 국소 부위를 평가하는 데 정확하게 이용할 수 있다. 사용이 간편하지만, 피부 주름 두께를 이용할 때 측정 시 오차가 클 수 있어 잘 숙련된 측정자가 정확한 부위를 측정해야 한다.

(3) 생체 전기저항 분석법(Bioimpdence Analysis)

전류가 체내 여러 조직을 흐를 때 보이는 조직의 저항성의 차이를 이용하여 측정하는 방법으로 간단한 장비로 비교적 정확하고 간편하게 이용할 수 있어, 병·의원이나 비만 관리실에서 많이 이용되고 있다. 이는 지방의 양뿐만 아니라 체내 근육의 양 및 각 부위별 지방, 근육의 분포도까지 수치화하여 보여준다.

(4) 근적외선 이용법(Infrared Interactance)

체내 조직이 근적외선을 받고 재방출하는 원리를 이용해서 측정하는 방법으로 비교적 정확하고 간편하게 측정할 수 있다. 오른쪽 이두박근 부위에 측정하며 두 번잰 값의 평균이 산출된다.

3. 기타 비만의 평가 방법

(1) 허리둘레(Waist Circumference)

비만의 유형을 평가하기 위해 정확하면서도 간편하게 이용할 수 있다. 허리둘레는 복부 지방량을 반영하는 아주 유용한 지표로 정상 체중을 보인다 하더라도 허리둘레가 크면 심혈관 질환의 발생 위험이 높아지게 된다.

우리나라에서는 남자 90cm, 여자 80cm 이상이면 복부형 비만으로 간주한다. 측정은 배꼽 부위에서 수평으로 측정한다.

[표] 대사 합병증의 위험이 증가하는 허리둘레의 참고치

성 별	증 가	극도로 증가
남자	≥ 90cm	≥ 102cm
여자	≥ 80cm	≥ 88cm

(2) 허리 – 엉덩이 둘레비(WAR, Waist–Hip Ratio)

허리-엉덩이 둘레비가 남자 0.9cm, 여자 0.8cm를 넘을 때 심혈관 질환의 위험이 증가한다. 체중이 늘어나면서 허리둘레와 엉덩이 둘레가 같이 증가할 경우 그 비는 변화가 없게 나타날 수도 있다는 제한점이 있다.

측정 방법은 허리둘레는 배꼽 부위의 둘레를 측정하고, 엉덩이는 가장 많이 튀어나온 부분에서 둘레를 잰다.

[표] 허리-엉덩이 둘레 비에 의한 비만 형태 분류

성 별	복부 비만	둔부 비만
남자	≥ 1.0	< 1.0
여자	≥ 0.85	< 0.85

(3) 내장 지방 – 피하 지방 비(VSR, Visceral-Subcutaneous Fat Ratio)

① 복부 지방의 축적이 내장형인지 피하형인지에 따라 심혈관 질환의 발생 위험이 달라진다. 이는 배꼽 부위에서 컴퓨터 단층 촬영을 하여 평가하면 정확하다.

② 컴퓨터 단층 촬영은 지방층과 근육층의 경계를 구별할 수 있고, 지방도 각 부위별 피하 지방, 내부 장기의 지방 및 기타 신체 부위의 지방 축적 정도를 알 수 있다는 장점이 있다.

③ 내장 지방과 피하 지방의 비가 0.4 이상이면 내장형 비만, 0.4 미만이면 피하형 지방으로 분류하고, 특히 내장형 비만에서 성인병의 발생과 관련이 많다.

5 비만과 성인병

(1) 당뇨병

당뇨병이란 혈액 내 당 성분인 글루코오스(Glucose)가 증가되는 질병으로 인슐린 대사와 밀접한 관련이 있다. 비만과 인슐린의 관계에서 알 수 있듯이 피하 지방의 분포와 당뇨병과의 관계도 명백하게 밝혀지고 있다. 상체형 비만은 지방 세포의 수는 정상이지만 크기가 증대된 것으로 인슐린 저항성 당뇨병이 되기 쉽고, 하반신의 비만은 지방 세포의 크기는 정상인데 수가 증가된 것으로 당뇨병이 되는 것과는 직접적인 연관 관계는 없다.

(2) 고지혈증

① 고지혈증이란 혈중에 지질 성분이 높아져 있는 경우로 결과적으로 동맥 경화와 고혈압, 신장 손상, 뇌혈관 질환 등의 질환을 직접적으로 가속화시킬 수 있다.

② 혈중에 돌아다니는 콜레스테롤은 중성 지방(Triglyceride), LDL(Low Density Lipoprotein), HDL(High Density Lipoprotein)이 있다.

③ 중성 지방은 LDL과 비례하며, 수치가 높을수록 동맥 경화, 관상 동맥 질환 등 심혈관 질환의 발병 빈도를 현저히 높인다. HDL은 등 푸른 생선 등에 많은 콜

레스테롤로 LDL을 낮추어 오히려 심혈관 질환의 발병을 줄이는 좋은 콜레스테롤이다.

(3) 고혈압증

고지혈증에 의한 동맥 경화증으로 인해 혈관이 딱딱하게 변하고, 비만으로 인하여 혈관을 압박하는 외부 힘이 높아져 혈압이 상승하게 된다. 또한 혈압의 상승으로 인하여 혈관 벽이 두꺼워지면서 동맥 경화는 가속화되는 악순환이 반복된다.

(4) 심장 비대 및 심부전

① 혈압 상승과 동맥 경화로 인하여 심장 벽에 미치는 압력은 높아지게 되고, 비만에 의하여 여분의 지방 조직이 늘어났기 때문에 온몸으로 보내야 하는 혈액의 양은 많아져 심장은 그만큼 더 활동하지 않으면 안 되며, 그 결과 점점 비대해져 간다.

② 비대해진 심장 근육은 그만큼 더 많은 혈액을 요구하게 되어 심장이 운동을 하기에 필요한 혈액의 양보다 부족한 현상인 심허 혈이나 심근 경색의 확률이 높아지는 또 하나의 악순환의 고리가 시작된다. 이런 악순환의 고리에 의하여 심장에 미치는 부담은 더욱 강해지고, 그 부담을 견디지 못하게 되면 심부전이 올 수 있다.

(5) 신장 장해

당뇨에 의한 신장의 기능 장애와 높은 혈압으로 인한 신장의 부담으로 인하여 단백뇨와 당뇨가 발생할 수 있다. 증상이 악화되면 신부전이나 요독증으로 진행할 수 있다.

(6) 수면 무호흡증

수면 무호흡증이란 비만으로 인하여 목 주변의 살이 비대해져서 목 안의 후두 부분에도 살이 쪄서 누워서 잘 때 목젖이 기도를 일시적으로 막아 코골이가 심해지거나 일시적으로 호흡이 멈추었다가 체내 산소 포화도가 떨어지면 무의식적으로 몸을 뒤척여 호흡을 하는 질환이다. 생명에 직접적인 영향을 주지 않는다고 하지만 산소 공급이 원활하지 않고 충분한 숙면을 취하지 못하여 다음날 일상에 많은 지장을 준다.

(7) 지방간

잉여의 지방이 간세포 사이에 축적되어 지방간이 올 수 있다. 지방간 상태에서

치료에 들어가면 회복될 수 있는 여지가 있지만 조금 더 심해지면 회복될 수 없는 간경화로 이행될 수 있다.

(8) 담석

높은 콜레스테롤 혈증으로 인하여 담낭에 콜레스테롤 결석이 발생할 수 있다. 담낭이나 담도 내의 이런 결석은 급성 담낭염의 원인이 될 수 있고, 담도뿐 아니라 총담관의 입구를 막게 되면 급성 췌장염의 원인이 될 수 있어서 심각한 문제를 초래할 수 있으므로 주의해야 한다.

(9) 관절염, 허리 통증

몸무게의 증가로 인하여 무릎이나 발목에 퇴행성 관절염이 가속화될 수 있고, 허리 통증을 수반하는 경우가 많다.

(10) 피부과 질환

하복부나 허리, 대퇴부의 피부에 갑작스런 부피 증가로 진피층이 갈라지는 튼 살이 발생할 수 있고, 여드름, 종기 등이 발생할 수 있다. 또한 피부끼리 접히는 부위에서는 마찰에 의한 피부염 및 곰팡이 균의 서식으로 피부 백선 등이 발생할 확률이 높아진다.

[표] 비만 관련 질환의 상대적 위험도

상대 위험도가 1~2배인 질환	상대 위험도가 2~3배인 질환	상대 위험도가 3배 이상인 질환
• 암(유방암, 자궁내막암, 대장암, 신장암, 담낭암) • 불임 • 요실금 • 요통	• 관상 동맥 질환 • 골관절염 • 통풍	• 인슐린 비의존형 당뇨병 • 고혈압 • 담석 • 고지혈증 • 수면 무호흡증

6 치 료

비만 환자는 겉으로는 밝고 명랑해 보일지라도 내면적으로는 심리적 상처가 있는 경우가 많다. 치료자는 환자가 겪는 육체적·정신적 고통을 충분히 이해하고 공감하고 이를 해결하려는 동반자적 입장에서 환자와의 관계를 형성해 가야 한다.

비만 치료는 단순히 보이는 현 상태에 대한 평가와 치료도 중요하지만 환자의 일상적인 생활 습관과 생활 환경, 살아온 배경 등도 치료 방법 결정에 중요한 정보를 줄 수 있으므로 여러 측면에서 접근해야 한다.

1. 식이 요법 치료

(1) 식이 요법은 열량 섭취를 제한하여 활동에 필요한 에너지로 축적된 체내 지방을 소모하게 하는 것이 기본 원리이다.

(2) 정상인의 1일 칼로리 섭취량은 성별, 연령, 신장 및 활동량에 따라 다르나 남자는 2,400~3,000kcal, 여자는 1,500~2,200kcal이다.

(3) 지방의 열량 비중은 지방 조직 0.45kg당 약 3,500kcal이므로 일주일에 0.45kg의 지방을 줄이기 위해서는 현재의 열량 섭취량에서 하루 500kcal을 줄여야 하고, 일주일에 0.9kg 이상을 줄이기 위해서는 하루 1,000kcal을 적게 섭취해야 한다는 공식이 나온다.

(4) 비만 치료를 위한 식이 요법은 하루 800kcal 이상을 공급하는 저열량 식이(Low Calorie Diet, LCD)와 600~800kcal 미만을 공급하는 초저열량 식이(Very Low Calorie Diet, VLCD)로 나누어진다.

① **저열량 식이** : 체중은 감소시키면서 영양적으로 균형 잡히고 건강을 증진시킬 수 있는 요소로 구성되어야 한다.

② **초저열량 식이**

㉠ 섭취 열량을 제한하지만 케톤산 혈증과 질소 및 전해질 손실을 방지할 수 있는 당질과 단백질, 필수 지방산을 포함한 소량의 지방 권장량에 합당한 비타민과 무기질을 함유해야 한다.

㉡ 일반적인 식이 요법에 실패했거나 신체 질량 지수가 $30kg/m^2$ 이상인 고도 비만 환자에게만 권장된다.

(5) 식이 요법만으로 체중을 감소시키면 지방 감소뿐만 아니라 근육량도 감소되는 부작용이 생길 수 있다. 열량 섭취를 제한하는 체중 감소는 초기에 주로 근육의 단백질과 글루코겐의 분해로 발생하는데, 이때 일어나는 급격한 체중의 감소는 지방 조직의 감소가 아닌 근육의 단백질과 글루코겐에 함유된 수분의 소실로 인한 것이다.

(6) 열량 제한이 계속되면 체지방 조직의 중성 지방이 분해되어 체지방이 감소되는데 지방 조직은 본래 수분 함량이 적고 단위 무게당 고열량을 포함하므로 체중 감소의 속도는 느리다.

(7) 결과적으로 초저열량 식이는 초기의 단백질 감소로 인하여 체중의 급격한 감소를 가져오지만 이로 인한 기초 대사량 감소로 요요 현상이 심각하게 올 수 있다.

요요 현상

식사 제한으로 체중을 감소시킬 경우 체지방뿐만 아니라 지방을 제외한 단백질 및 근육량 감소로 기초 대사량도 감소하며, 식사량이 회복되면 이로 인해 더 쉽고 빠르게 체중이 증가되는 현상이다.

2. 식이 요법의 기본 원칙

① 저열량 식이보다는 일일 총 필요 칼로리의 80% 정도로 꾸준히 섭취량을 조절한다.

② 지방뿐만 아니라 당분의 섭취를 적절히 제한한다.

③ 잡곡밥, 신선한 야채, 해조류 등을 통하여 식이 섬유의 섭취를 늘린다.

④ 식물성 단백질을 충분히 먹는다.

⑤ 식사 시 천천히 꼭꼭 씹어 먹으면 적게 먹고도 포만감을 느낄 수 있다.

⑥ 규칙적인 시간에 식사하고 간식을 줄인다.

⑦ 알코올은 고열량의 식품으로 섭취를 제한한다.

⑧ 잠자기 5~6시간 전의 저녁 식사는 저당질, 저지방, 고단백, 충분한 야채 섭취를 하는 게 좋다.

⑨ 과일도 과당이 많으므로 많이 먹으면 살이 찌는 원인이 된다.

⑩ 음식을 먹을 때 저칼로리 음식부터 먼저 먹는다.

⑪ 유제품류(우유, 요구르트, 아이스크림 등) 과량 섭취 시 살이 찔 수 있다.

⑫ 조리 시 되도록이면 기름의 양을 줄이고 물로 볶거나 찜, 조림 등으로 이용한다.

기초 대사량(휴식 대사량, Resting Metabolic Rate)

- 기초 대사량은 정상적인 신체 기능을 유지하고 우리 몸의 항상성을 유지하며, 신경계 및 소화계, 근육계가 활동하는 데 최소로 필요한 에너지량을 말한다.
- 주로 근육의 대사 활동에 많이 관여하므로 체내 근육량에 비례한다.
- 인체가 소비하는 하루 총 소비량의 60~75%를 차지한다. 여러 가지 조건에 의하여 영향을 받으며, 그 조건으로 나이, 성별, 체격, 영양 상태, 호르몬 균형 상태, 자율 신경계의 활동 등에 영향을 받아 개인차가 심하다.

> ### 활동 대사량(Thermic Effect of Exercise)
> - 활동 대사량은 신체의 활동, 운동 등 주로 근육 활동에 의해 소모되는 에너지를 말한다. 여기에 필요한 열량은 활동의 종류, 활동 시간 등에 의하여 결정된다.
> - 활동 대사량은 본인의 의지에 의하여 임의로 그 양을 변화시킬 수 있는 부분이다. 그러므로 에너지 균형을 평가할 때 활동 대사량의 변화가 중요하다.

3. 메디컬 영역에서의 비만 치료

(1) 비만의 약물 치료

최근 비만이 당뇨, 고혈압, 심근 경색 등 심혈관 질환뿐 아니라 심지어 일부 암을 일으킬 수 있는 위험 요인으로 인식되면서 비만 치료에 대한 관심이 증가되고 있다. 그러나 식사 요법, 운동 요법, 인지 행동 요법 등 환자의 식습관을 고치는 것이 근본적인 치료이기는 하지만 비만은 만성적 질환으로서 이를 지키기가 쉽지 않다.

약물 요법의 경우 심각한 부작용을 일으킬 수 있고, 약을 끊었을 때 바로 체중이 증가하는 단점이 있으므로 식사 습관을 교정하는 데 약물 치료를 보조적으로 사용한다면 효과적인 치료를 볼 수 있다.

① 약물 치료의 지침

BMI 23~25kg/m^{2}인 경우 우선 식사 요법과 운동 요법을 시행한다. 비만 치료에 쓰이는 약물 요법은 단기간 사용하는 것이 좋고, 환자의 식습관을 교정하기 위하여 보조적으로 사용한다. 특히 노르에피네프린 같이 교감 신경 흥분제 등을 사용할 경우 약물 의존성이 있어 단기간만 복용해야 한다.

약을 복용하게 되면 더 빨리, 더 쉽게 체중을 감량할 수 있지만 요요 현상이 있을 수 있다. 감량된 체중을 유지하기 위해서 음식물의 섭취와 에너지 소모의 균형을 맞출 수 있는 행동의 교정이 필수적이다.

② 비만 약물의 분류

비만 치료를 위해 쓰이는 약물은 다음 표와 같이 식욕을 억제하여 식사량을 줄이거나 먹은 음식의 흡수를 차단시켜서 '에너지 섭취를 줄여주는 목적으로 작용하는 약물'과 안정 시 대사량을 늘려주어 열생산을 촉진시켜 에너지를 소모시켜주는 약물로 구분된다.

에너지 섭취 억제제	에너지 대사 촉진제
1. 식욕 억제제 　A. 노르에피네프린(Norepinephrin)계 　　Phentermine 　　Diethylpropion 　　Phendimetrazine 　B. 세로토닌(Serotonine)계 　　Fluoxetine 　　Sertraline 　C. Norepinephrin+Serotonine 　　Sibutramine 2. 흡수 억제제 　Orlistat	1. 열생산 촉진제 　ephedrine+caffeine 　sibutramine

(2) 메조테라피(Mesotherapy)

메조테라피는 중배엽(Mesoderm) 기원의 조직인 얕은 피부 지하층 또는 피부층에 지방 분해의 효과가 있는 4~5가지의 약물을 혼합하여 주사하는 치료 방법이다. 시술하는 의사마다 약물의 배합 및 성분에 약간의 차이를 보이고 있으며, 효과면에서도 많은 개인적인 차이를 보이고 있다.

(3) 지방 분해 주사

① 식이 요법이나 운동 요법으로 다이어트를 하는 경우 전체적인 체중 관리는 가능하지만 특정 부위를 관리하기는 어렵다. 지방 분해 주사 방법은 이렇게 특정 부위를 집중 관리해야 할 때 주로 많이 쓰이는 치료법으로 지방 분해 효과가 있는 약물을 피부 속 지방과 셀룰라이트에 직접 주사하면 과도하게 축적된 지방 세포가 파괴되어 효과를 보는 원리이다.

주로 아미노필린이라는 천식 치료용 약물이 사용되었지만 효과의 미약함과 약물의 부작용 등으로 점차 사용이 줄어들고 있다.

② 시술 방법이 메조테라피와 비슷하기는 하나 메조테라피에 비하여 더 깊은 층인 지방 조직에 직접 약물이 주입된다는 점과 주입되는 주사 바늘의 수가 메조테라피에 비하여 훨씬 작은 차이점이 있다.

(4) 카복시테라피(이산화탄소 치료)

이산화탄소를 지방 세포 안에 주입하게 되면 부족한 산소를 공급받기 위해 혈액 순환이 증가되고, 조직 내에서는 헤모글로빈으로부터 산소를 더 많이 받아들이려고 한다.

따라서 오히려 조직 내 산소가 증가하게 된다. 이 때문에 지방 세포가 산소를 쉽게 이용하게 되어 지방 세포의 산화가 증가하게 된다. 또한 이산화탄소가 칼슘과 결합하면서 혈관의 수축이 억제되면서 혈액 순환도 증가하는 부가 작용이 있다. 이산화탄소에 대한 독성은 거의 없으며, 약물을 사용하지 않기 때문에 안전한 치료 방법으로 알려져 있으나 치료 효과에 대해서는 아직 연구 중이다.

(5) HPL(Hypotonic Pharmacologic Lipo-Dissolution, 저장성 지방 용해술)

HPL은 저장성 용액과 지방 분해 작용을 갖는 약물을 피하 지방에 주입하여 지방 세포를 격리, 팽창, 민감하게 만들어 지방 세포의 파괴와 흡수를 용이하게 만드는 방법이다. HPL 용액만을 주입하는 것만으로도 치료 효과를 기대할 수 있지만, 대부분의 병원에서는 HPL 용액 주입 후 외부 초음파와 엔더몰로지 기기, 레이저 등을 이용하여 지방 세포를 파괴하는 시술을 병행하고 있다.

파괴된 지방 세포들은 림프계를 통해 배출되어, 지방 흡입술의 60~70% 정도의 효과를 보인다.

(6) 고주파(RF, Radio Frequency)

일반적으로 고주파라고 하면 10,000Hz 이상의 전자파를 일컫는다. 의료용으로는 100,000Hz 이상이 주로 사용된다. 다른 주파수대보다 가장 열을 효과적으로 전달할 수 있는 주파수로 알려져 있다. 즉, 고주파의 전기 에너지가 몸을 도체로 흐르면서 심부에서 열에너지로 전환하게 되며, 이때의 열에너지가 정상 세포의 온도를 상승시켜 혈액 순환을 촉진하고 세포 기능을 활성화시키면서 열에 약한 지방 세포를 파괴한다.

4. 비만의 수술적 치료

(1) 지방 흡입술

① 지방 흡입술은 지방 제거를 원하는 신체 부분에 관을 삽입하여 지방을 음압을 이용하여 흡입하는 방식으로 단시간에 효과를 볼 수 있다. 시술 전 마취약과 혈

관 수축제가 함유된 습윤 용액(Tumescent Solution)을 주입하여 혈관을 수축시키고 지방 세포 주변을 팽창시켜 흡입이 용이할 수 있게 한다.

② 최근에는 단순한 음압만으로 지방을 흡입하는 술식 외에 내부 초음파를 사용하여 초음파로 지방을 녹여 제거함으로써 출혈이나 통증을 최소화하는 방법과 레이저나 고주파를 이용하여 지방 조직을 융해시킨 뒤에 지방 흡입술을 시행하여 시술 후 올 수 있는 여러 합병증을 줄이면서 시술의 효과를 극대화시키려는 방법들이 병행되고 있다.

Cavitation Picture

   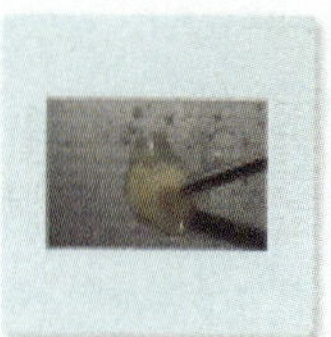 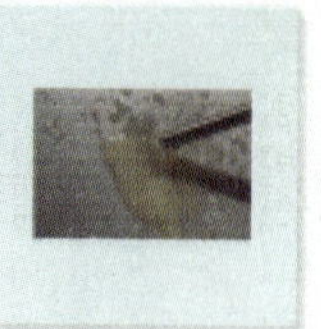

※ 지방 덩어리에 초음파를 접촉시키면 Cavitation effect(동공 효과)에 의해 지방 덩어리가 융해되는 현상

[그림] 내부 초음파를 이용한 지방의 융해

(2) 복부 성형술

출산이나 과도한 복부 비만 후 이미 늘어져 있는 복부의 피부는 여러 가지 비만 치료로 효과를 볼 수 없다. 이런 경우는 수술적 요법으로 늘어져 있는 피부와 지방 조직을 절제하고 봉합하는 방법을 이용한다.

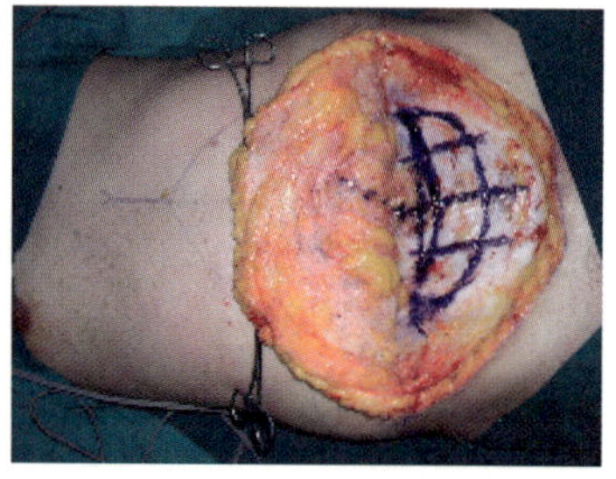

※ 수술시 늘어져 있는 복벽의 근막도 같이 단축 봉합하여 복벽의 긴장도를 높일 수 있다.

[그림] 복부 성형술 1

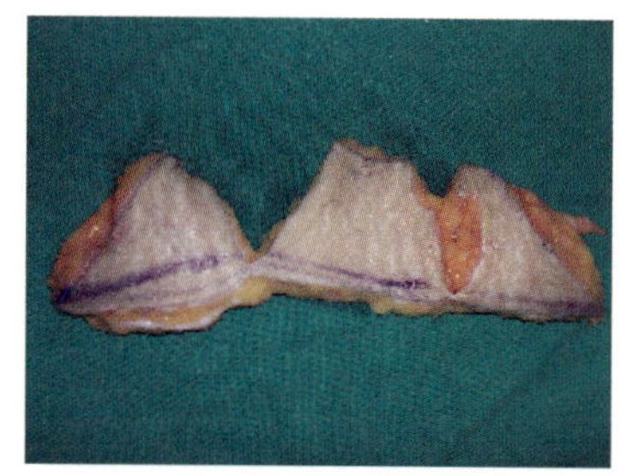

※ 절제된 피부와 지방 조직

[그림] 복부 성형술 2

(3) 장 절제술(베리아트릭)

① 베리아트릭 수술은 동양인보다는 고도 비만 빈도가 높은 미국을 중심으로 한 북미 지역에서 많이 행하여지는 수술이다. 최근 식습관의 변화로 인하여 국내에도 고도 비만 환자가 많아지면서 베리아트릭 전문 병원이 생길 정도로 시행 횟수가 많아지고 있다.

② 수술 방법은 크게 위를 절제하거나 특수 기구를 이용하여 위의 일부를 묶어 크기를 줄임으로써 흡수하는 음식의 양을 줄이는 방법과 소화된 영양분을 흡수하는 소장의 길이를 단축시켜 에너지 흡수를 감소시키는 방법이 있다. 최근에는 복강경을 이용한 시술이 발표되면서 그 시술 횟수가 급속도로 늘어나고 있다.

5. 운동 요법

① 식이 요법만으로는 근육이 손실되지만 운동을 병행하면 근육 조직을 보존하면서 원하는 지방만을 뺄 수 있다.
근육량의 증가는 기초 대사량의 증가를 가져오고, 같은 운동량에도 에너지 소모가 많기 때문에 요요 현상을 피할 수 있다.

② 저열량 식사와 함께 운동을 하게 되면 혈청 총 콜레스테롤과 트라이글리세라이드(TG) 농도가 떨어지고, 고밀도 지단백질(HDL)이 많아져 고혈압의 개선과 관상 동맥 질환의 빈도와 사망률을 낮출 수 있다.
또 심폐 기능, 근육, 골격계를 유지·증강시켜 지구력이 증가되며, 뇌신경 기능의 부활, 스트레스 해소, 면역력의 향상 등으로 사회적 적응력이 증가한다.

③ 운동 시에 에너지 소비 형태는 산화 작용에 의한 유산소 방식과, 산화 작용과 관계없이 근육 내 생화학 물질(탄수화물 등)의 분해 작용에 의한 무산소 방식이 있다.
에너지 공급 방식은 일상생활이나 운동 중에 혼용되어 쓰이지만 운동의 형태나 특히, 강도에 따라 어느 한쪽이 더 많이 쓰이거나 더 적게 쓰이기도 한다. 유산소 운동은 체내의 탄수화물도 소비하지만 지방을 더 많이 사용하게 되어 체지방을 감소시키는 데 매우 효과적이다.

④ 비만 치료에 효과가 있는 유산소 운동으로는 속보, 뛰기, 자전거 타기, 등산 등이 있고, 이러한 유산소성 운동을 통해서 인체의 지방 세포, 지방 조직에 저장되어 있는 중성 지방(TG)을 분해시켜 유리 지방산(FFA)을 만들고 이것이 근육에서 에너지원으로 사용된다.

6. 심리 행동 치료

심리적 장애에 의한 비만은 일반적인 비만과는 구분해야 한다. 과식증(Hyperphagia)은 식사 중에도 채울 수 없는 허기를 느끼며 끊임없이 간식을 먹고 혹은 '잘 먹는 것'에 상당한 집착을 보인다.

또한 강박 장애(Compulsion)에 의해 자제할 수 없을 정도로 음식에 대한 충동이 강한 경우도 있다.

일반적으로 충동을 보이는 음식에는 단 것이나 짭짤한 것 등이 있으며, 먹는 즐거움 때문이 아니라 근심을 잊으려 할 때 나타나는 심리 상태로, 먹고 난 후에는 죄책감을 느낀다.

비만 환자의 경우 일반적으로 이 두 가지 행동 유형을 보이는 경우가 많다. 비만 행동 치료는 이러한 식습관의 문제점이 해결되어야 한다.

이런 양상과 달리 폭식증(Bulimia Nervosa)은 신경성 대식증, 신경성 폭식증이라고 하고, 음식 섭취를 조절할 수 없는 식이 장애 중 하나로, 반복적인 폭식 행동과 몸무게 증가를 막으려는 목적으로 구토 행동을 하는 증세를 말한다.

인지 행동 치료 요법에는 다음의 방법들이 있다.

① **자기 감시**(Self-Monitoring) : 식사와 운동에 대한 열량을 계산하거나 기록함으로써 자신에 대해 감시하는 기능을 수행하게 한다. 먹는 시간, 장소, 형태와 양 등 정확한 기록도 중요하지만 이를 통하여 행동에 미칠 수 있는 다양한 정보를 얻는 것도 중요하다.

② **자극 조절**(Stimulus Control) : 과식의 원인에 대한 단서를 찾게 되면 이를 조절함으로써 체중 관련 행동을 통제하여 감량에 성공할 수 있다.

③ **인식 재구조화**(Cognitive Restructuring) : 현실에서 이탈되어 있는 사고를 올바르게 인식시켜 자리 잡게 함으로써 올바른 자기 존중감을 회복하게 되고, 자신의 체형에 대한 생각도 정확하게 함으로써 체중 감량을 지속시킨다.

④ **스트레스 관리**(Stress Management) : 스트레스는 그 자체만으로도 비만의 원인이 된다. 스트레스의 유발 요소를 확인하고 스트레스를 감소시키거나 적어도 관리할 수 있는 기술이 필요하다. 신체 활동은 스트레스를 감소시키는 것으로 알려져 있다.

⑤ **사회적 지지**(Social Support) : 여러 가지 주변 사회적인 요소와 다른 사람들의 지원을 유도하고 방해자를 지원자로 바꾸게 하는 방법을 배운다.

06 탈 모

① 모발의 특성

머리카락은 모구(Hair Bulb), 모근(Hair Root), 모간(Hair Stem)으로 구분된다. 모구의 모유두(Derma Papilla)로부터 혈액 공급을 받아 성장한다. 임신 4~6개월에 발생하기 시작하여 성장기, 퇴행기, 휴지기의 모주기를 형성하며, 태어나고 죽는 과정을 반복한다.

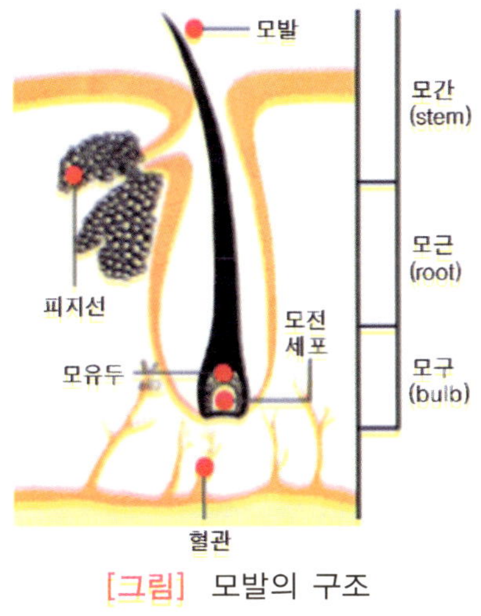

[그림] 모발의 구조

3~5년간 지속되는 성장기는 모발이 주로 자라는 시기이며, 전체 모발의 85~90% 정도를 차지하고 있다. 이후엔 약 2~3주간의 퇴행기를 거쳐 휴지기에 접어든다. 퇴행기 때는 모구가 모유두로부터 분리되면서 모발이 얇아지기 시작한다. 휴지기는 모낭은 살아 있으나 모발은 빠지고 없는 상태로, 2~3개월의 휴지기를 거쳐 다시 성장기로 접어들게 된다.

우리 몸에서 매일 약 50개가량 자연스럽게 빠지는 머리카락이 바로 휴지기 상태인 것들이다. 휴지기는 8~10% 가량을 차지하지만 비정상적으로 휴지기에 들어선 모발의 비율이 급격하게 늘어나는 경우가 있다. 하루에 머리가 100개 이상 빠지면 탈모를 의심해야 한다.

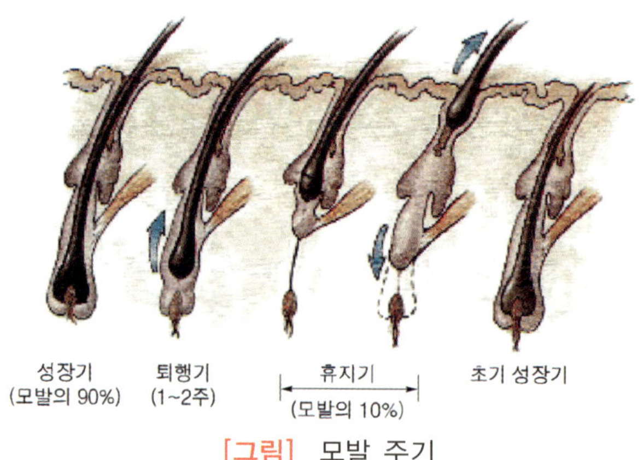

[그림] 모발 주기

2 정 의

정상적으로 자라던 털이 어떠한 이유로 인하여 빠지게 되는 병을 일컬어 탈모증이라고 한다. 인종과 남녀의 건강 상태에 따라 차이는 있지만 보통 정상 성인의 두피에는 약 10만 개 정도의 모낭을 가지고 있으며, 한 달에 1cm 정도의 길이 성장을 하여 자르지 않을 경우 모주기가 끝나는 5~8년 후에는 60~90cm까지 성장할 수 있다.

일반적으로 사람의 모발은 하루에 40~100개 정도의 모발이 빠진다. 또한 빠진 수치만큼의 모발이 다시 생성되는 특징을 지니고 있다. 탈모 현상으로 1일 탈모되는 모발의 수가 100개 이상으로 늘어나고 기존의 성장기 모발 기간이 짧아지는 특징과 모발이 얇아지는 연모화 현상을 볼 수 있다.

3 원 인

(1) 유전적인 요소

남성형 탈모의 경우 유전력이 크다. 아버지 또는 어머니 어느 한쪽이 탈모증이었거나 유전자를 가지고 있으면 그 아들에게 탈모증이 유전할 확률이 대단히 높다. 반면 여성은 탈모증의 유전자가 한쪽에서 전해져도 증상이 별로 나타나지 않고, 양친 모두 유전자를 가지고 있는 경우는 탈모증이 나타날 수도 있지만 매우 희박하다.

유전은 탈모증을 야기하는 체질 및 형태가 중요한 부분이고 탈모증 그 자체가 중요한 것은 아니다. 그러므로 자기가 유전자를 가지고 있더라도 그 증상이 나타나지 않게 항상 모발의 컨디션에 주의하고, 적극적으로 피부 세포를 활성화시켜 나가는 노력을 한다면 탈모증을 예방할 수 있다.

(2) 과도한 스트레스

과도한 스트레스는 자율 신경이 활성화되어 신경적 부담이 자율 신경 부조를 유발한다. 자율 신경의 부조로 인해서 두부의 혈행 장애와 연결된다.

두부에 혈액이 잘 공급되지 않으면 피부나 모발에 영양이 충분히 보급되지 못해 탈모가 일어나게 된다. 따라서 탈모의 징조가 보이기 시작하면 스트레스의 원인을 찾아내어 근절시키는 것이 치료 효과를 높이는 방법 중 하나이다.

(3) 남성 호르몬(Androgen 분비 과잉)

탈모 유전자의 발현에는 남성 호르몬이 관여한다고 알려져 있다. 사춘기 이후에 분비되는 안드로겐이 여러 실험에서 탈모를 일으킨다는 사실이 밝혀졌으며, 여성의 경우도 안드로겐이 과다하게 분비되면 탈모를 일으킬 수 있다.

1942년 헤밀톤은 쌍둥이 중 한 명은 사춘기 이전에 거세한 결과 40세까지 대머리가 되지 않았으며, 40세 때 테스토스테론을 주사하였더니 6개월 이내에 대머리가 되었다고 하였다. 또 거세하지 않은 한 명은 20대에 대머리가 진행되었다고 밝혔다. 따라서 대머리는 일단 유전적 소인이 있어야 하고, 발현 유무는 남성 호르몬에 의해 좌우된다고 할 수 있다.

유전과 남성 호르몬
- 탈모 유전적 소인이 있다 하더라도 모두 탈모로 발전하는 것은 아니다.
- 탈모의 유전적 소인이 있는 사람이 남성 호르몬인 테스토스테론(Testosteron)의 부산물인 DHT(Dihydro-testosterone)에 노출되었을 때 탈모가 발생한다고 알려져 있다.
- DHT는 모낭을 점진적으로 축소시키는 모낭에 대한 파괴적 기능을 하여 머리카락은 점점 가늘어지고 약해진다.
- DHT는 여성에게도 탈모의 주요 원인이 된다. 그러나 여성에게는 에스트로겐과 프로게스테론이 있어서 DHT의 모낭 파괴적 기능으로부터 모낭을 보호하므로 남성과 같은 남성형 탈모는 흔하지 않다.

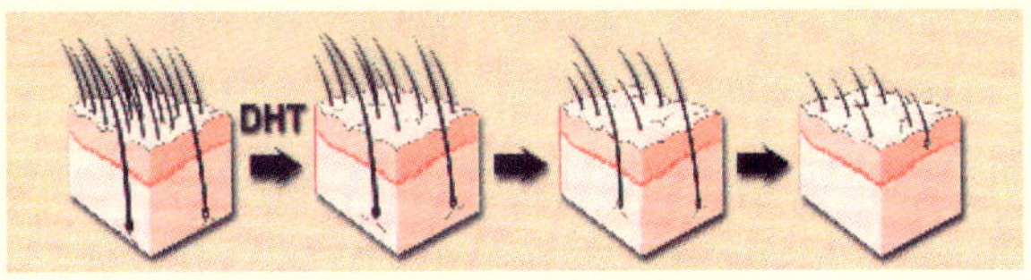

[그림] 유전과 남성 호르몬

(4) 두피의 혈액 순환 불량(두피 근육의 긴장)

스트레스 및 여러 가지 원인에 의하여 두피의 혈액 순환에 장애를 일으켜 모근에 영양이 전달되지 못하여 모발이 성장을 멈추고 빠지게 된다.

(5) 영양 결핍

정상적인 모발의 생산을 위해서 적당한 양의 단백질이 필요하다. 무리한 다이어트로 인해 단백질이 부족해질 경우나 영양 결핍이 심할 때는 우리의 몸은 단백질을 비축하기 위하여 생장기에 있던 모발을 휴지기 상태로 보내게 된다. 그리하여 2~3개월 뒤에 심한 탈모가 나타날 수 있다.

철(Fe)의 겹핍에 의해서도 간혹 탈모가 발생한다. 철 결핍은 혈액 검사로 알 수 있으며 철분 제제의 복용으로 교정이 가능하다.

(6) 잘못된 식습관

식생활은 스트레스와 더불어 탈모의 중요한 2차적인 요인이 된다. 육류와 기름진 음식을 주로 섭취하면 대머리가 될 확률이 높다. 그 이유는 포화 지방산인 동물성 지방으로 인해 혈중 콜레스테롤이 증가하여 모근의 영양 공급을 악화시키고 피지선을 비대시켜 모발의 성장을 막기 때문이다.

술, 담배와 탈모

알코올은 염증 반응을 증가시키고 피지 분비를 촉진시킨다. 흡연은 체온을 떨어뜨려 혈관을 수축시켜 혈액 순환을 방해한다. 이러한 현상들은 탈모의 유발과 모발의 성장 및 발생에 악영향을 미치므로 적당한 음주와 금연 등을 통해 탈모 예방 관리를 해야 한다.

(7) 모발 공해

파마는 모간의 구조를 화학 약품으로 변화시키고 고정시킨다. 염색과 염료의 주성분인 과산화수소는 모발의 단백질을 파괴시키고 염료가 털구멍을 통해서 모근에 좋지 않은 영향을 준다. 드라이 역시 열에 약한 모발을 계속적으로 자극하는 결과를 초래한다. 이런 모든 것을 모발 공해라 하며, 탈모의 직간접적인 원인으로 작용한다.

(8) 대기 오염

머리카락은 중금속을 흡수하고 배설하는 성질을 지니고 있다. 대기 오염으로 인해 축적된 중금속은 모발 주기의 변화를 가져와 모발에 악영향을 끼칠 수 있다.

강한 자외선은 두피에 직접적인 자극을 주고 모발의 단백질층인 케라틴을 파괴하여 손상시킴으로써 모발이 가늘어져서 결국 탈모를 유발시키게 된다.

(9) 지루 피부염

지루성 인설 등이 모공을 막아 두피가 숨을 쉴 수 없게 만들어 탈모증을 일으키며 염증이 수반될 때는 더욱 심해진다.

남성 호르몬은 머리카락은 가늘게 하지만, 피지선을 비대시켜 피지의 분비를 증가시킨다. 피지선이 크고 기능이 활발해지면, 머리의 표면에 진 비듬이 많아져 모발의 발육과 성장에 영향을 주게 된다.

예를 들어 대머리로 탈모가 진행 중인 사람의 피지선을 살펴보면 대체로 비대한 것을 발견할 수 있다. 그래서 대머리가 진행되는 사람은 비듬이 많이 생기며 하루만 머리를 감지 않아도 머리가 끈적거리게 되는 것을 볼 수 있다.

(10) 기 타

약제, 갑상선 기능의 저하, 분만으로 탈모증이 유발될 수 있다. 항암제 치료나 방사선 치료도 탈모의 원인으로 작용한다.

4 종 류

1. 남성형 탈모

일반적으로 대머리라고 불리는 것으로 주위에서 흔히 볼 수 있는 탈모이며, 남성에게서 발생하는 탈모의 95% 이상을 차지한다.

남성형 탈모의 주 원인은 유전적 소인을 가지고 있는 사람이 남성 호르몬인 테스토스테론에 노출되었을 때 테스토스테론이 5-α-reductase라는 호르몬의 영향으로 DHT로 변하는데, 이 DHT라는 호르몬이 이마, 정수리 부분의 모근에 영향을 주어 소위 M자형의 이마 형태를 보이게 된다. 유전이나 남성 호르몬 외에 스트레스도 남성형 탈모의 주요 원인으로 알려져 있다.

머리털이 서서히 가늘어지고 짧아져서 솜털처럼 변하다가 결국 빠져버리는 것이 남성형 탈모의 특징이다.

20세 전후부터 나타나기 시작하며, 두피는 매끄럽고 긴장되어 있고 광택이 있어 지루성 탈모와 합병증을 일으키는 경우가 많다.

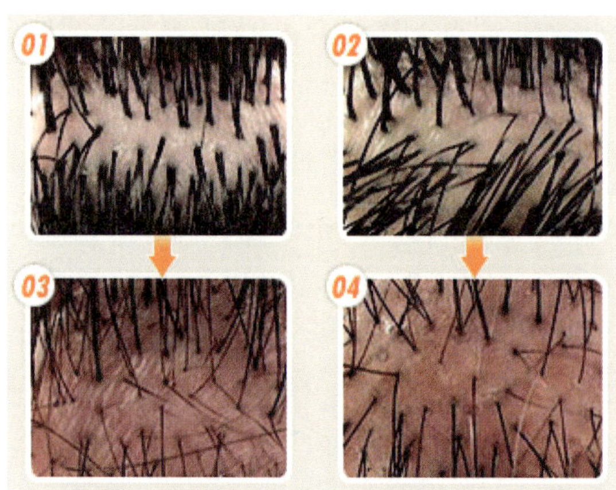

[그림] 남성형 탈모

탈모가 있는 남성의 뒷머리와 탈모 부위를 비교해보면 같은 사람의 모발인데도 불구하고 모발 상태가 큰 차이가 나는 것을 확인할 수 있다.

2. 여성형 탈모

남성형 탈모와 달리 탈모 초기부터 정수리나 두정부에서 시작하며, 남성처럼 완전 대머리가 되지 않고 모발이 가늘어져 두피 부분이 보일 정도로 모발의 밀도가 감소한다. 유전적인 소인이 있는 사람에서 남성 호르몬의 증가나 여성 호르몬의 감소에 의하여 발생한다고 알려져 있으나 아직까지도 정확한 원인은 밝혀지지 않았다.

유전적 요인 외에 빈혈, 갑상선 질환, 두피의 염증, 남성 호르몬이 증가하는 질환인 다낭성 난소증, 스트레스, 과도한 드라이, 잦은 파마, 잘못된 식생활 등에서 탈모가 될 수 있다.

3. 원형 탈모

머리카락이 원형을 이루며 국소적으로 갑자기 빠지는 현상을 말한다. 처음에 지름 1~2cm의 크기로 한곳에 나타나지만, 때로는 몇 곳에 다발하여 나타나기도 하고 불규칙한 모양으로 융합할 때도 있다. 증상이 심할 경우 두발이 모두 빠지는 수도 있다.

특히 머리 뒷부분이나 옆 부분에 나타난 탈모 현상은 치료에 어려움이 있지만 대부분 2~3개월이면 정상으로 회복된다. 이 경우에는 먼저 가늘고 연한 털이 나며, 차츰 보통의 털로 변해 간다.

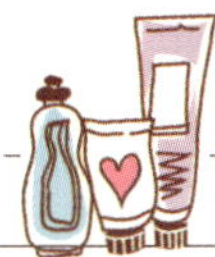

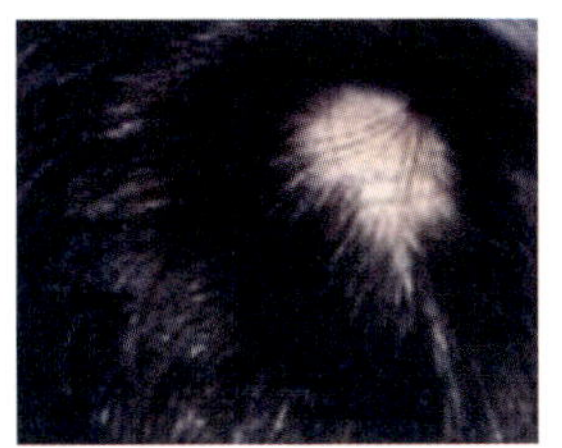

[그림] 원형 탈모

(1) 원인

① **유전적인 요인** : 원형 탈모증일 경우 가족 내 유병률이 10~50% 정도까지 다양하다. 일란성 쌍둥이일 경우 같은 시기에 같은 위치에서 발생한다.

② **스트레스** : 과도한 스트레스는 교감 신경을 활성화시켜 모세 혈관을 수축시키고, 그로 인한 두피로의 혈액 흐름과 영양 공급이 저해되어 탈모증을 유발한다.

③ **자가 면역설** : 원형 탈모증 증상이 있는 사람들에게서 주로 갑상성 질환, 심상성 백반, 궤양성 대장염, 중증근무력적, 후천성 저감마 글로불린 혈증, 류마티스 관절염 등의 자가면역 이상에 따른 질환 등이 같이 나타난다. 모발을 만드는 세포의 어떤 성분에 대해 자기 항체가 형성되어 그로 인해서 염증이 나타나고 탈모 증세가 나타난다. 또 탈모 부위의 피부 병리 조직으로 모세포 주위에서 임파구 침윤을 발견할 수 있다.

(2) 원형 탈모증 치료법

원형 탈모증은 분명히 호전되기 때문에 조급한 마음을 버리고 기다리는 마음이 필요하다. 다른 탈모증의 치료와 마찬가지로 모발이 자라서 미용적인 호전을 보이려면 최소 6개월 이상의 시간이 필요하기 때문에 치료 도중 병변 때문에 스트레스를 받으면 호전이 느려진다.

치료법은 국소적으로 약물 치료와 약을 먹는 방법이 있고, 좀 더 적극적인 방법으로 국소적인 주사 요법 및 면역약제 국소 도포법 등이 있다. 보조적인 요법으로 두피 관리와 모발 관리 프로그램을 이용하는 방법이 있다. 두피에 자극을 주는 마사지나 정신적인 긴장에서 벗어나는 것도 치료 효과를 높이는 데 중요하다.

① **약물 도포** : 원형 탈모 증세가 심하지 않은 경우 발모 촉진제를 바르며, 심한 탈모증에는 탈모 부위에 면역 증강제를 발라주는 면역 치료 및 약물 치료 등이 있다. 발모 촉진제로는 미녹시딜이 가장 많이 사용된다.

② **전신 약물 요법** : 국소적 치료에도 탈모가 진행되는 경우 약물을 복용하거나 주기적으로 근육에 주사를 하는 방법이다.

③ **병변 내 주사 요법** : 약물을 병변 내에 직접 주사하여 모발 재생을 촉진시키는 방법으로 부신 피질 호르몬제의 병변 내 주사 요법이 가장 많이 이용되며, 1~3주 간격으로 직접 탈 모반에 트리암시놀론(Triamcinolon) 현탁액을 주사한다. 주사를 자주 맞거나 용량이 과다하면 주사 부위의 두피가 함몰되는 위축 현상이 나타날 수 있다.

④ **레이저 요법** : 저출력 헤어 레이저를 탈모 부위에 쏘여 두피의 혈액 순환 증가, 염증 감소, 치료제의 흡수를 촉진시키는 방법이다.

⑤ **면역 요법** : 치료에 잘 반응하지 않거나 탈모가 50% 이상 진행된 경우에 흔히 사용되는 방법이다. 인위적으로 화학 물질을 이용하여 알레르기성 접촉 피부염을 발생시켜 생체의 사이토카인을 증가시키거나 억제시킴으로써 모근을 자극해 모발의 성장을 유발한다. 초기 치료 단계에는 DNCB(디니트로클로로벤젠)를 사용하였으나 쥐에서 발암 가능성이 보고된 이후 DPCP(디펜사이프론)가 가장 많이 사용된다. 최근엔 사이클로스포린이 전두 및 범발성 탈모증에 사용되고 있다.

⑥ **기타** : 충분한 영양 섭취와 정신적인 안정을 취하는 것이 도움이 된다.

4. 휴지기 탈모

어떤 이유로 모주기의 성장기 모발이 성장을 멈추고 휴지기로 변하여 평소보다 많이 빠지게 되면 이를 휴지기 탈모라 한다. 갑자기 심하게 빠지기 시작하는 급성 휴지기 탈모와 천천히 계속 빠지는 만성 휴지기 탈모로 구분할 수 있다.

급성 휴지기 탈모의 경우에는 대개 심한 고열을 앓거나 출산 후, 갑작스런 다이어트, 스트레스나 과로, 심한 두피 염증 등의 흔한 원인 외에 불규칙한 수면, 시차의 변화, 계절 변화, 특정한 약물(피임약, 안드로겐, 시메티딘, 혈압약 등)도 원인이 될 수 있다.

만성 휴지기 탈모의 경우에는 대부분 눈에 띄는 원인을 찾기는 힘드나 빈혈이나 갑상선 호르몬 이상, 다낭성 난소증, 뇌하수체 호르몬 이상, 홍반성 루푸스, 만성적인 두피 염증 등의 증상으로 나타나는 경우가 많다.

부위에 관계없이 전체적으로 모발이 빠지는 것이 일반적이며, 휴기지 탈모를 치료하기 위해서는 어떤 원인에 의한 것인지를 파악하는 것이 우선이다. 그래서 반드시 전문 진료와 함께 검사가 필요하다.

일시적인 원인에 의한 경우 저절로 탈모가 멈추게 되므로 원인에 대한 치료는 필요 없으며, 빠진 모발이 이전 상태로 다시 날 수 있도록 하는 치료를 하게 된다. 만성적인 원인에 의한 경우에는 원인에 대한 치료를 하여 더 이상 빠지지 않도록 한 후에 빠진 모발이 다시 나게 하는 치료를 하게 된다.

분만 후 탈모

휴지기 탈모증 가운데에서도 출산을 한 후 1~5개월 무렵부터 빠지기 시작하는 것을 분만 후 탈모증이라 부른다. 이것은 임신 후기에 에스트로겐 등 호르몬의 영향으로 인해 보통의 모주기가 멈춰서 빠지지 않았던 모발이 출산 후 한꺼번에 휴지기를 맞아 빠지는 현상이다.

5. 외상성 탈모증

외부로부터의 자극이 원인으로 작용하여 모발이 빠지게 되는 현상을 말한다.

(1) 견인성 탈모증

모발이 외부에서 기계적으로 잡아당겨져서 빠지게 되는 현상을 말한다. 대부분 오랜 기간에 걸쳐 계속해서 잡아당겨지기 때문에 발생한다.

(2) 압박성 탈모증

두피가 외부로부터 압박되어 영양 공급이 이루어지지 못해 생기는 탈모 현상을 말한다. 중환자실에서 오랫동안 누워 있는 환자가 대표적이다.

(3) 발모벽

환자 자신도 모르게 습관적으로 스스로가 자신의 머리카락을 잡아뜯는 증상을 볼 수 있다. 이것은 일종의 정신 질환으로서 정신 요법 치료가 필요하다.

6. 반흔성 탈모

두피의 화상이나 깊은 상처, 염증이나 수술로 인한 흉터로 인해 나타나는 탈모를 반흔성 탈모증이라 한다.

반흔성 탈모증은 모발의 뿌리 자체가 파괴되어 없는 경우가 많으므로 털의 재생을 기대할 수 없어 약물 요법을 시도하는 것도 별의미가 없다. 즉, 흉터에 모발을 만들

기 위해서는 모근을 이식하는 방법밖에 없다. 흉터가 작은 경우는 작은 흉터를 잘라 내고 주변 모발이 있는 부분을 이용한 피판술이 이용된다.

7. 내분비계 이상에 의한 탈모증

내분비(호르몬) 장애가 모주기와 털의 형태에 영향을 미쳐 성장기의 개시를 방해하고 휴지기의 기간을 연장시키는 작용으로 인하여 탈모 증세가 나타나게 된다.

하수체 기능 저하에 의한 성장 호르몬 분비 저하는 모발의 탈모 현상뿐 아니라 겨드랑이 털이나 음모가 빠지는 경우도 있다. 갑상선 기능 저하로 전체 체모의 수가 감소하면서 특히 눈썹의 수가 적어지는 것이 특징이다. 갑상선 기능 항진은 원형 탈모와 관련이 많으며, 부갑상선의 기능 저하로 머리카락이 건조하면서도 쉽게 빠져 버리는 것이 특징이다. 이와 같은 내분비 이상에 의한 탈모증일 경우, 그 원인인 기능 장애의 치료를 해주면 그 자체가 탈모를 치료하는 방법이 된다.

8. 영양 장애, 대사 장애에 의한 탈모증

지나친 식이 제한은 탈모의 원인이 될 수 있다. 지속적인 식이 제한을 하면 영양 부족 현상이 초래되어 모근이 위축되고 모주기도 짧아져 탈모 현상이 발생하게 된다. 소화 흡수에 장애를 초래하는 특발성 지방변이나 궤양성 대장염 등의 소화기 질환과 저칼슘 혈증, 고도의 저알부민 혈증에서도 탈모 현상이 발생할 수 있다.

9. 약물에 의한 탈모증

항암제는 세포의 분열 증식을 억제하는 작용을 한다. 이는 모모세포의 분열을 억제하여 모발의 성장을 막고 모주기를 변화시켜 급격한 탈모 증세가 발생하게 된다. 항응고제는 모유두에 있는 혈관의 혈액 성분에 변화를 초래하여 털의 영양 장애를 일으켜 탈모 증세를 가져올 수 있다. 원인이 되는 약물 사용을 멈추게 되면 원래의 상태로 되돌아갈 수 있다.

10. 염증, 감염에 의한 탈모증

아토피 피부염, 피부근염, 교원병, 백선과 같은 염증성 질환의 탈모 증가와 함께 점차 증가하는 탈모 현상이며, 탈모된 주위의 두피는 빨갛게 거칠어져 있다.

> **비듬**
>
> - 비듬은 두피 표면에서 탈락되어 떨어져 나오는 각질에 지방이나 먼지가 묻어서 생긴 것이다. 정상적인 경우 머리를 감은 3~5일 후면 두드러지게 나타나는데, 비듬이 쌓이면 가려워진다.
> - 비듬이 병적으로 많은 경우를 비듬증이라 하며, 건성 지루라고 하기도 한다. 이것이 오래 지속되면 머리털의 모공을 막고 박테리아의 서식을 증가시켜 비강성 탈모증의 원인이 될 수 있다.
> - 치료와 예방을 위해서는 흥분과 스트레스를 피하고 규칙적인 생활을 하며 머리를 깨끗이 하고 자주 감는다. 비타민 B_2가 풍부한 음식을 섭취하는 한편, 이황화셀렌이 들어 있는 샴푸가 치료에 도움이 된다.

5 치 료

(1) 두피 염증 치료

두피 염증이 있는 경우에는 두피 염증을 먼저 치료해야 한다. 물리 치료와 함께 먹는 약, 바르는 약, 샴푸를 병행하여 일주일에 1회씩 2~3개월간 치료한다.

(2) 원인 치료

탈모를 하나의 단순한 질병으로 생각하지 말고 다른 큰 내과적 질환의 한 증상으로 보고 철저한 검사를 통하여 이상이 발견된 경우에는 각각의 질환에 필요한 치료를 시행한다.

(3) 물리 치료

두피의 염증을 없애고 두피를 부드럽게 만들어 다시 머리카락이 자랄 수 있는 환경을 만들어주며, 모발의 성장을 촉진시키는 성분을 두피에 공급하여 모발이 빠른 시일 내에 다시 건강하게 자랄 수 있도록 한다.

(4) 미녹시딜

미녹시딜(Minoxidil)은 탈모의 상태에 상관없이 모발의 성장을 촉진시키는 것으로 식약청에서 효과를 인정받은 유일한 바르는 약물이다. 탈모 부위에 바르는 물약으로 부작용이 거의 없는 안전한 약이다.

초기 탈모에 효과적이며, 두피의 혈액 순환 증가로 모근에 영양 공급을 증가시켜 효과를 보인다.

진행된 탈모에는 효과가 없고, 약을 바르다가 중단하면 바로 탈모가 시작되므로 꾸준히 사용하여야 한다. 두피에 염증이 있을 때는 두피 염증이 더 심해지고 이 때문에 오히려 탈모가 더 심해질 수 있기에 두피의 염증 치료를 먼저 하고 나서 미녹시딜을 발라야 제대로 된 효과를 기대할 수 있다.

여성형 탈모에서는 남성형보다 농도가 낮은 2% 농도의 미녹시딜을 두피에 바르는 것이 권장된다.

(5) 레틴 A(비타민 A)

모공 입구의 각질을 제거하여 미녹시딜과 병행하여 사용하면 모발의 성장을 조금 더 유도할 수 있다.

(6) 프로페시아

프로페시아(Propecia)는 피나스테라이드라는 성분으로 미녹시딜과 함께 식약청의 인정을 받은 유일하게 먹는 약이다.

테스토스테론(Testosteron)을 DHT 환원시키는 효소인 5-α-reductase라는 호르몬을 억제시켜 DHT의 생성을 막아 탈모의 진행을 막는 효과를 본다.

이 약은 전립선 비대증을 치료하기 위해서 개발되었으나 연구 과정에서 모발의 성장이 촉진됨이 밝혀졌다. 성장이 끝난 남성 전용으로 사용되며, 여성의 복용은 금기이다.

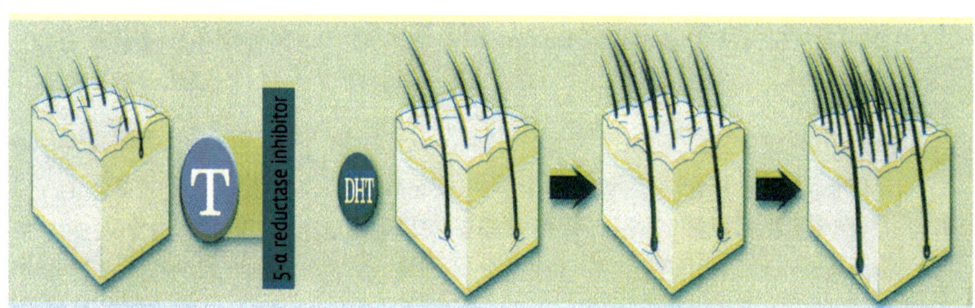

- T : Testosteron
- DHT : Dihydro testosteron

[그림] 5-α-reductase 억제제의 작용

(7) 두타스테라이드

약물 작용은 프로페시아와 비슷하지만 5-α-reductase의 1형과 2형 모두를 억제시켜 프로페시아보다 작용이 약 20~30% 정도 크다.

(8) 트리코민(구리)

구리 성분이 모발에 주는 영향은 모낭을 확대시키고, 섬유 다발의 밀도를 증가시켜 가는 모발을 정상 모발과 같은 굵기로 만들어 주는 것이다. 구리의 항염증 작용으로 두피의 염증 작용으로 인해서 생기는 탈모를 예방한다. 또한 구리가 5-α-reductase의 억제 작용을 한다.

(9) 이소플라본

콩에서 추출한 여성 호르몬으로 남성 호르몬의 작용을 억제하여 탈모의 진행을 막고 모발의 성장을 도와준다.

(10) 메조테라피

주사기를 이용하여 탈모에 효과적인 약물을 두피에 주입함으로써 모근의 세포 성장을 촉진하고, 혈액 순환을 개선하여 약해진 모근에 양분을 주어 탈모를 치료하는 방법으로 일상생활에 전혀 지장을 주지 않는다.

약물이 전신으로 흡수되지 않고 두피에만 흡수되기 때문에 약물로 인한 전신적인 부작용이 감소된다. 복용하는 약물 요법과 함께 메조테라피를 시행하면 더 효과적으로 탈모를 치료할 수 있으나 앞쪽 헤어라인의 탈모가 많이 진행된 경우는 모발 의식을 고려해야 한다.

(11) 모발 이식술

후두부의 모발은 남성 호르몬에 영향을 받지 않아 빠지지 않는 원리를 이용하여 후두부 머리털을 두피와 함께 절제해서 모근을 하나씩 분리한 후 모발 이식기에 옮겨서 하나씩 원하는 부위에 심는 방법이다. 수술 후 2~3주 내에 이식한 모발이 빠졌다가 약 3~4개월 정도되면 다시 자라게 된다.

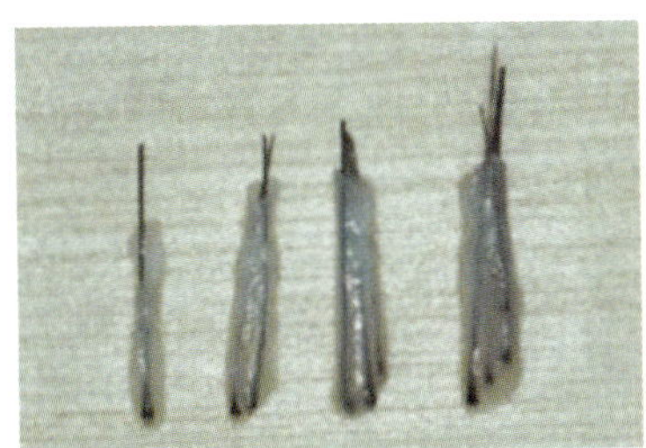

[그림] 모발 이식 1

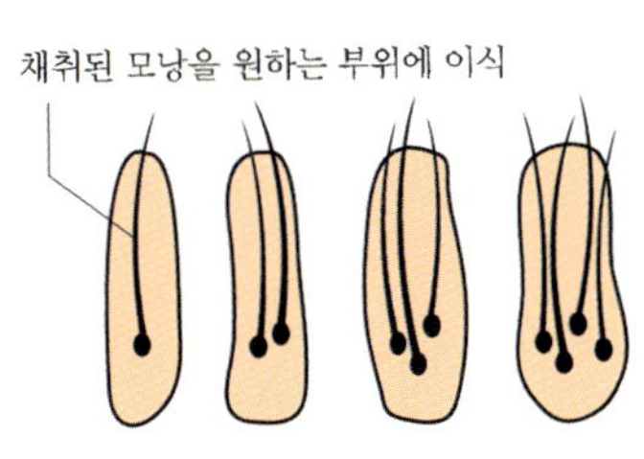

[그림] 모발 이식 2

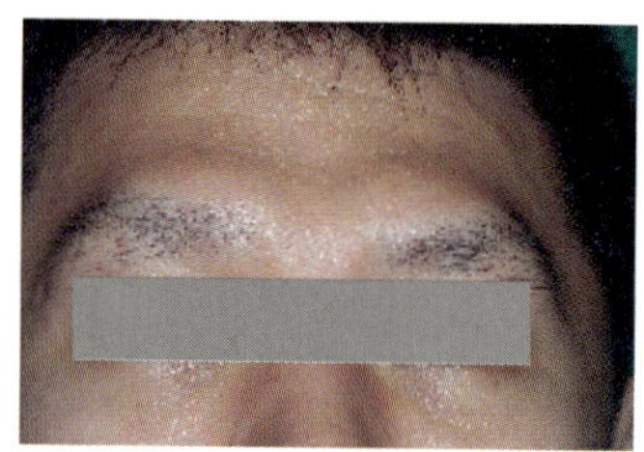

[그림] 눈썹 – 모발 이식 전

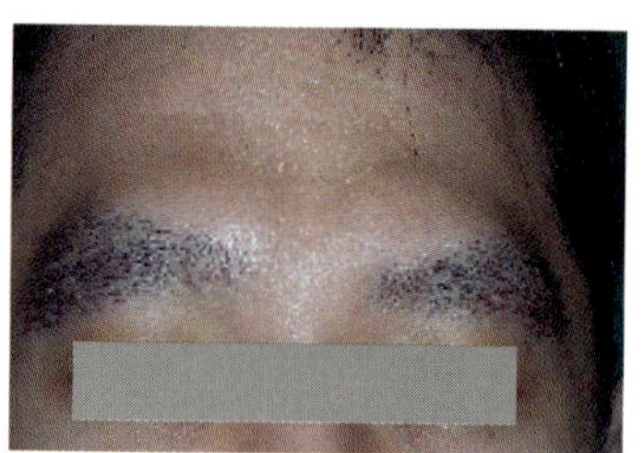

[그림] 눈썹 – 모발 이식 후

6 예 방

① **탈모 방지 식이 요법**: 균형 잡힌 식사, 충분한 휴식과 운동으로 몸과 마음이 편안하고 건강해야 머리카락도 윤기가 있고 아름답다. 모발에만 특히 좋은 음식물은 따로 없다. 균형적인 식생활로 영양 상태를 개선하면 모발 건강에 좋다. 특히 비타민 A, P, E는 두피의 모세 혈관 혈행을 좋게 하여 탈모 예방에 좋으며, 양질의 단백질과 칼슘, 미네랄이 들어 있는 식품을 골고루 섭취한다.

② 자신의 모발 상태에 맞는 샴푸를 사용한다. 지성 두피에는 높은 세정력과 낮은 컨디셔너 성분을 함유한 것이 좋으며, 건성 두피와 손상된 모발에는 낮은 세정력과 높은 컨디셔너 성분을 함유한 것이 좋다.

③ 고온의 드라이어를 이용하면 모발에 필요한 수분까지 증발해버림으로써 모발의 손상을 가속시킬 수 있다.

④ 두피 마사지를 습관화한다.

⑤ 청결한 두피는 탈모 예방의 필수 요건이다. 두피에 쌓인 노폐물, 비듬, 과도한 피지, 박테리아는 탈모의 위험 인자이다.

⑥ 화학 약품(파마, 염색, 스타일링 젤)은 두피와 모발을 손상시켜 탈모를 유발한다.

⑦ 적당한 스트레스의 해소가 필요하다.

⑧ 금연을 해야 한다. 담배의 니코틴은 혈관을 수축시켜 탈모를 촉진한다.

메디-에스테티션을 위한
메디컬 스킨케어

치료의 실제

① 보톡스

　보톡스(Botox)는 1990년대 말부터 전 세계적으로 큰 인기를 끌기 시작하여, 보편화되었고, 보톡스 주사법과 주름살 제거술은 점점 진화하고 있다.

　보톡스는 신경 전달 물질인 아세틸콜린의 분비를 억제하여 국소적 안면 표정 근육을 마비시키거나 이완시킴으로써 안면의 주름 제거, 사각 턱의 교정 등에 이용된다. 일반적으로는 보톡스라고 불리지만, 미국 Allergen(앨러간) 사의 Botulinum Toxin(보툴리늄 독소)을 이용한 약품의 명칭이다. 정식적으로는 '보툴리눔 독소'라고 하는 것이 올바른 표현이다.

1. 사용 역사

　1895년에 벨기에의 엘레젤(Ellezelles)이라는 작은 마을에서 사람들이 소금에 절인 돼지고기를 먹고 집단 마비 증상을 보인 후, 3명이 사망한 사건이 벌어졌다. 이후 에밀(Emile Pierre van Ermengem) 교수가 남은 음식을 조사하면서, 이 사건이 감염이 아닌 보툴리늄 독소에 의한 질병이란 것을 알아냈다.

　그로부터 20년 후 보툴리눔 독소에 여러 가지 형태의 혈청형이 있음이 알려졌고(Botulinum Type-A, B, C, D, E, F, G형이 있다), 1946년 의료용으로 사용될 수 있는 보툴리눔 독소 결정 분리가 산츠(Shantz) 팀에 의해 성공하였다.

　보톡스가 본격적으로 사람의 치료에 사용된 것은 1949년, 보톡스가 신경 전달을 차단한다는 것이 알려지면서 알렌(Alan, Scott, M. D.) 박사가 세계 최초로 원숭이 사시 치료 실험을 하게 되면서부터이다. 그 후 1981년 인간의 사시 교정에 보툴리눔 독소를 사용하는 데 성공하게 되었다.

　1989년 FDA(미국 식품 의약국)는 미국 앨러간 사(Allergan, Inc USA)의 제품인 보톡스(Botox)를 사시, 안검연축, 안면신경연축, 안면 경련 치료제로 승인하게 되었다. 그 후 보톡스가 안면 주름에도 효과가 있다는 것이 밝혀지면서 연구가 본격적으로 진행되어, FDA가 2002년 '보톡스의 미용 목적 시술'을 승인하게 되었다.

2. 종 류

(1) 보톡스(Allergan, Inc USA)

보톡스는 무색투명 동결된 가루 형태로 FDA의 승인을 받은 미국의 앨리건 사 제품이다. 이 제품은 1980년대 이후 전 세계적으로 사용되고 있다.

사용 방법은 보톡스 독소가 불안정하고 파괴되기 쉽기 때문에 냉동 보관 상태로 보관 후 시술 전 희석하여 4시간 안에 사용하는 것이 원칙이다. 4주 후까지 사용이 가능하나 약효는 감소된다.

(2) 디스포트(Beufou Ipsen Ltd. of UK)

디스포트(Dysport)는 영국의 Ipsen 사에서 만들어졌으며, 보톡스와 사용 방법은 같다. 디스포트는 유럽과 국내에서도 사용되고 있고, 현재 미국 판매를 위해 FDA의 승인을 기다리고 있다.

(3) BTXA(Lanzhou institute)

BTXA는 중국의 란주 생물제품 연구소에서 개발된 제품으로, 우리나라에도 수입되어 사용되고 있다. 하지만 정확한 비교 문헌 정보가 없어서 안전성에 문제가 제기되고 있다. 효능은 보톡스에 비해 떨어지지 않아 가격 경쟁력으로 사용량이 점점 늘어가고 있는 추세이다.

(4) 메디톡신

메디톡신(Meditoxin)은 태평양 제약에서 국내 기술에 의하여 제조된 제품으로 앨러간 사의 보톡스의 작용과 효과가 같다. 최근 국내에서 사용량이 점차 증가하고 있으며, 뉴로톡스(Neuronox®)라는 이름으로 수출되고 있다.

3. 적용 대상

① 습관적으로 미간과 이마에 표정을 찡그려 주름이 생긴 사람
② 이마나 눈가에 나이보다 일찍 주름이 생겨, 콤플렉스가 있는 사람
③ 친구나 동료들보다 나이가 들어보여 사회생활에 문제가 있는 사람
④ 결혼이나 사진 촬영 등 경조사를 앞두고 있는 사람
⑤ 교근의 비후에 의해 사각턱인 사람
⑥ 알통 근육에 의해 종아리가 비후되어 있는 사람

⑦ 다한증, 액취증이 있는 사람

4. 금기 사항

① 지나치게 기대치가 높은 환자
② 고령으로 인해 피부의 처짐이 심하고 탄력이 없는 환자
③ 주름이 깊은 환자
④ 주위 권유로 억지로 온 환자
⑤ 정신적인 문제가 있는 환자
⑥ 병원을 이곳저곳 다닌 경험이 있는 환자

5. 시술 방법

보톡스의 경우 2002년 4월 미국식품의약국(FDA)에 의해 미간 주름 제거 목적으로 사용해도 안전하다는 인증을 받았으나, 국내에서는 안면 경련 및 사시 교정, 경부 근육 긴장 이상의 치료 등으로 사용 범위가 제한되어 있다. 그뿐만 아니라 디스포트와 BTXA 역시 안면 경련, 반측 안면 경련, 사시 치료 등으로 사용 허가 범위가 제한되어 있다.

보툴리눔은 한 바이알 중 주 성분인 클로스트리듐 보툴리눔 독소 A형 100U와 안정화제인 인간 혈청 알부민 0.5mg으로 이루어진 무색투명한 동결 건조된 분말 주사제이다.

진공 상태로 포장되어 있어 사용하기 전에는 반드시 -5℃ 이하에서 냉동 보관해야 하며, 유통 과정 중에도 냉동 보관해야 한다.

사용하기 직전에는 멸균된 생리 식염수에 희석해서 사용해야 한다. 이때 주사기에서 병 안으로 저절로 빨려들어감으로써 진공 상태의 유무를 확인할 수 있어 진공 상태가 아닐 시 교환해야 한다.

멸균된 생리 식염수에 희석한 후에는 반드시 2~8℃에서 냉장 보관해 4시간 이내에 사용해야 한다. 보툴리눔 주사법은 필러나 자가 지방 이식술, 콜라겐 주입법 등과는 다른 주사법으로, 시술 후 남은 용액은 폐기 처분한다. 때론 희석 후, 남은 용액을 냉동 보관 후 사용하는 경우가 있는데, 이때 단백질 변형이 초래되어 시술 결과가 달라질 수 있다.

준비 도구

1. 보톡스 1vial   2. 생리 식염수
3. 5cc 주사기 2개   4. 1cc 주사기 1~2개
5. 긴 주사 바늘   6. 알코올 스펀지

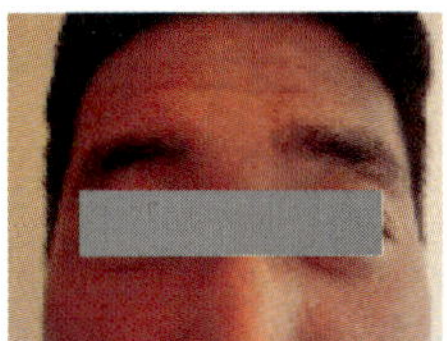

[그림] 보톡스 전

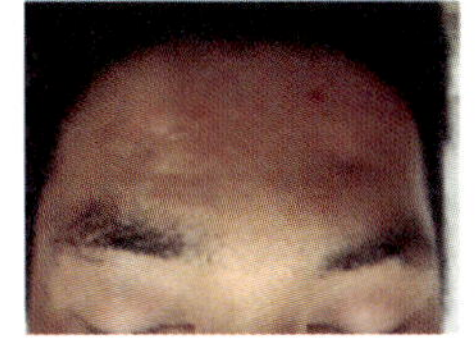

[그림] 보톡스 후

보톡스 시술 동의서

본인은 본 시술의 방법, 효과 기간 및 일어날 수 있는 합병증 및 부작용에 대해 담당 의사로부터 자세한 설명을 받았으며, 이에 대한 아래 주의 사항을 충분히 읽고, 이해하면서 본 시술을 요청하는 바입니다.

〈시술 후 주의 사항〉
· 효과의 지속 기간은 사람마다 차이는 있으나 대개 3~6개월 내외로 알려져 있습니다.
· 시술 부위가 멍이 들거나, 안검하수(눈꺼풀이 처지는 현상) 등이 생길 수는 있으나 일시적인 현상입니다.
· 시술 후 4시간 동안은 누워 있지 않도록 합니다. 또한 과음도 피하셔야 합니다.
· 시술한 부위를 마사지하거나 문지르지 않도록 합니다.
· 시술 부위를 찡그리듯 표정을 지어주면 효과가 좋습니다.
· 사각 턱 축소 시술했을 시, 오징어나 껌 등 딱딱한 음식은 씹지 말아야 합니다.
· 한쪽으로 음식물을 씹거나, 어금니를 꽉 깨무는 습관을 고치도록 합니다.
· 당분간 과격한 운동과 사우나는 피하도록 합니다.

시술일 20○○. ○○. ○○   서명 홍길동

---

① 시술 전 동의서 작성 및 사진 촬영을 한다.
② 5cc 주사기에 미리 공기를 주입해 놓아둔다.
③ 보톡스 바이엘에 5cc 주사기를 찔러 저절로 공기가 빨려들어가는 것을 확인한다.

④ 보톡스 희석액을 만들기 위해 새 주사기에 필요량의 식염수를 뽑아서 놓아둔다.

⑤ 생리 식염수를 보톡스와 잘 혼합되도록 천천히 돌려준다. 이때, 흔들면서 섞이지 않도록 한다(거품이 생기지 않도록 하는 것이 중요하다).

⑥ 긴 주사 바늘을 사용해 뽑아놓은 식염수의 주사기에 꼽고, 보톡스 바이엘에 주입한다.

⑦ 희석된 보톡스 용액을 1cc 주사기에 옮겨서 의사에게 준다(바늘이 무뎌지면 환자가 고통을 호소할 수 있으므로 1cc 주사기의 바늘을 보호하기 위해 긴 주사 바늘을 사용해 보톡스 용액을 빼내도록 한다).

⑧ 시술 부위에 시술한다.

② 필 러

필러(Filler)는 충전물, 부형제란 용어로 번역되며, 오래전부터 미용 목적으로 주사되었던 미네랄 오일, 파라핀, 실리콘 등의 다양한 물질들은 필러라고 할 수 있다.

이런 제제들은 만성 부종, 육아종 형성, 흉터 및 궤양 등 여러 부작용을 초래하기 때문에 사용이 꺼려졌었다. 최근 들어 비수술적인 주름 제거술인 보톡스의 대중화와 함께 필러에 대한 관심이 높아지면서 콜라겐과 히알루론산 등 사람 인체와 비슷한 성분의 물질을 투입함으로써 비교적 안전한 필러 시술을 할 수 있게 되었다.

특히 필러는 코 융비술을 포함한 안면의 깊은 주름, 팔자 주름, 입술 주름 등에 효과적이라는 평가를 받아 인기를 끌고 있다.

1. 사용 역사

가장 오래된 필러는 1890년대에 Nerber 박사가 환자 얼굴의 결손 부위에 이식할 목적으로 환자의 지방을 처음으로 이용한 것이다. 이후로 파라핀, 실리콘 등과 같은 인공 물질들이 필러제로 유행하면서 오일류의 필러 물질이 흘러내리거나 이동하는 등 많은 부작용을 야기하였다.

파라핀은 1920년대에 유럽과 미국에선 금지되었고, 동양에선 1960대에 금지되었다. 실리콘의 경우 현재 미국에서는 의사가 액상 실리콘 주사를 놓는 것뿐만 아니라, 시술 목적으로 실리콘을 가지고 있는 것만으로도 불법으로 규정하는 경우가 있다. 하지만 우리나라는 아직 비의료인들에 의한 실리콘 주사가 많이 이루어지고 있어서 많은 부작용이 일어나고 있다.

2. 종 류

(1) 자이덤 & 자이플라스트(Zyderm & Zyplast)

소에서 추출한 콜라겐 성분의 생리 식염수와 리도카인(마취제)에 녹아 있는 용액으로 가장 먼저 개발된 '자이덤 I'은 미국에서 1977년부터 사용되기 시작하여 1983년에 FDA에 승인을 받았다.

시술 전에 환자에게 소에서 추출한 콜라겐에 대한 알러지가 있는지 반드시 확인해야 하며, 피부 테스트를 거친 후 시술을 받아야 한다.

(2) 레스틸렌

스웨덴의 Q-med 사에서 만들어진 레스틸렌(Restylane)은 '보톡스'가 보툴리눔 독소의 대표적인 제품으로 불리듯이 필러 상품의 대표적인 이름으로 불리고 있다.

레스틸렌은 콜라겐 필러 이후, 최초로 FDA의 승인을 획득한 히알루론산 제품이다. 콜라겐과 비교해볼 때 피부 테스트에서 심각한 부작용은 적은 편이다.

히알루론산은 자기 몸의 1,000배의 수분을 흡수하는 능력을 갖고 있어 필러의 역할을 한다. 처음에 히알루론산은 수탉의 벼슬에서 추출되었으나, 대량 생산이 어려워지자 세균성 발효로 만들어진 히알루론산으로 대체되었다.

레스틸렌은 사람의 체내에 들어와 시간이 경과하면 완전히 흡수되고 섬유화가 일어나거나 잔여 물질이 남지 않아 부작용이 드물다. 하지만 입술의 경우, 단순 포진과 비슷한 소양감과 부종, 홍반, 압통이 나타날 수 있다.

(3) 쥬비덤

쥬비덤(Juvederm)은 레스틸렌과 비슷하게 세균성 발효로 만들어진 비동물성 히알루론산으로 스위스에서 제조된다.

(4) 자가 지방

본인의 지방을 이용하여 지방이 없는 곳에 채워 넣는 시술은 1890년대부터 시작되었지만 그 효과가 오래 지속되지 못해서 인기를 끌지는 못했다. 그 뒤 1980년대 후반 지방 흡입술이 발전한 덕분에 자가 지방을 이식하는 시술은 알레르기와 거부 반응을 보이지 않게 되었다. 또한 FDA의 허가가 필요없으며 가격이 저렴하여 많은 인기를 얻게 되었다.

현재 지방 채취 시 외상을 줄이는 과습윤법(Tumecent Technique)을 사용하는데, 채취한 지방을 적절한 압력에 의하여 원심분리함으로써 지방 세포의 손상을 현저하

게 줄이게 되었다. 지방 주입 시 적절한 압력으로 세포 파괴를 줄이면서 생착률을 높여 많이 시행되고 있다.

3. 시술 방법

필러 시술 1주일 전까지 아스피린을 먹지 않아야 한다.(혈액 응고를 저해해 멍이나 출혈을 증가시킬 수 있다.)

시술 후 환자가 당황하는 것을 대비해 시술 부위에 부기가 생김을 환자에게 미리 알린다.

필러 시술 동의서

본인은 본 시술의 방법, 효과 기간 및 일어날 수 있는 합병증 및 부작용에 대해 담당 의사로부터 자세한 설명을 받았으며, 이에 대한 아래 주의 사항을 충분히 읽고, 이해하면서 본 시술을 요청하는 바입니다.

〈시술 후 주의 사항〉
· 효과의 지속 기간은 사람마다 차이는 있으나 대개 3~6개월 내외로 알려져 있습니다.
· 시술 부위가 멍이 들거나 통증, 홍반, 색소 침착, 부기, 흉터가 생기실 수 있습니다.
· 시술한 부위를 마사지하거나 문지르지 않도록 합니다.
· 당분간 음주를 하시면 안 됩니다.
· 감염 방지를 위해 당분간 과격한 운동과 사우나는 피하도록 합니다.

시술일 20○○. ○○. ○○   서명 홍길동

① 시술 전 동의서 작성 및 사진 촬영을 한다.
② 모든 필러는 주사 시에 통증이 있으므로, 시술 전에 국소용 리도카인(마취제)을 도포한다(30분~1시간 후 마취제를 제거한다).
③ 마취가 된 후, 시술 부위를 의사가 펜으로 디자인하면 포비든 용액으로 소독할 수 있게 준비해둔다.
④ 시판되는 필러 제품 대부분이 개별 포장되어 나오므로 1회 사용 후 소각하면 된다.
⑤ 필러가 들어간 부위에 필러 용액이 잘 퍼질 수 있도록 잘 펴주도록 한다.

4. 시술 후 유의 사항

필러 시술 후 시술 부위를 알코올 솜으로 닦아낸 뒤, 주사 부위를 적절히 압박해 멍을 예방하고 출혈을 막아야 한다. 경우에 따라서는 항생제 및 스테로이드를 함께 처방해야 하는 경우도 있다.

필러 시술 후 압통은 드문 사례지만 환자가 통증을 호소하면 시술 당일만 있을 것을 설명하며 안심시킨다. 하지만 주사 부위의 감염으로 인해 염증, 농양, 조직 괴사 등이 올 수 있으므로 철저한 소독과 항생제 복용이 중요함을 환자에게 숙지시켜야만 한다. 또한 필러 시술 후 1~2개월까지 주사 부위가 단단한 느낌이 들 수 있음을 미리 설명해 주고, 눈에 띄는 덩어리가 생기는 등의 매우 드문 사례를 제외하고는 정상적인 시술 과정임을 안내한다.

필러 시술 후 보통 1회 시술로 환자의 만족도가 해결될 수 있지만, 그렇지 않은 경우엔 추가로 시술할 수 있다.

1 레이저(광의학)

레이저(Laser)는 Light Amplification by stimnlated Emission of Radiation의 약자로, 광선의 유도 방출에 의한 빛의 증폭이란 뜻으로 Light(빛), Amplification by(증폭), Stimulated(유도), Emission of(방출), Radiation(광선)의 머리글을 따서 만든 줄임말이다.

일정량 이상의 레이저 광이 생체 조직에 흡수되면 광 에너지가 열에너지로 변하여 온도에 따라 조직을 광 활성화(40℃ 이하), 변성(40℃ 이상), 또는 응고(50~100℃)시키고, 기화(100℃ 이상), 조직 절단(5만w/sq cm 이상) 등의 효과가 나타난다.

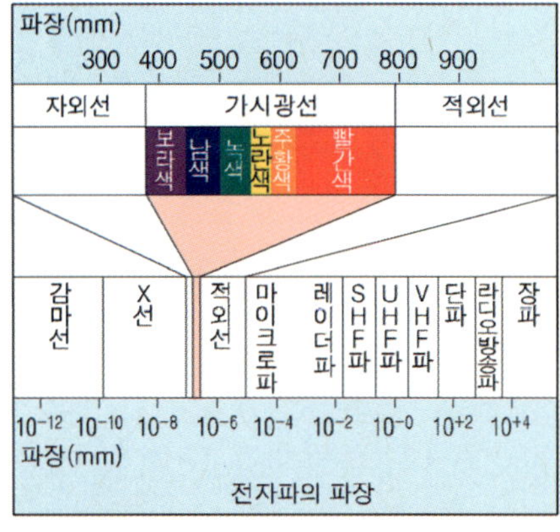

[그림] 파장에 따른 구분

1. 레이저 치료법

레이저 치료법은 특수 파장을 이용하여 색소 침착이나 혈관성 피부 질환이 있는 부위에만 선택적으로 작용하는 방법이다.

특수 파장의 레이저 광선이 이상이 있는 부위만을 신속 정확하게 파괴하는 것이 기본 원리로, 각기 다른 성능과 특징을 가진 레이저들을 서로 보완해 치료 효과를 극대화시켜 준다. 피부 질환의 종류에 따라 효과적으로 작용하는 레이저 파장은 각기 다르다.

피부과 영역에서 치료에 이용하는 레이저의 종류는 10여 가지로, 특히 안면에는 수많은 혈관이 모여 있어 피부에 상처가 나더라도 영양 공급이 신속하게 되어 회복이 빠르다. 레이저는 미국식품의약국인 FDA가 신생아에게 시술해도 좋다고 인정한 매우 안전한 치료법으로, 전기 소작술, 아르곤 레이저, 세포를 얼려 파괴하는 냉동 요법, 피부 이식법 등의 피부 흉터를 남기는 문제점을 보완한 요법으로 사용되고 있다.

2. 레이저의 특징

① 단색성을 이용하여 혈관종 및 여러 색소성 질환들의 치료에 선택적으로 레이저를 이용할 수 있다.

② 레이저 빛은 서로 간섭성이 없으며 모두 일정한 방향성을 갖고 있다.

③ 강한 힘을 보이며, 치료하고자 하는 병변에 그 힘을 집중시킬 수 있는 특징이 있다.

3. 레이저가 피부에 미치는 영향

① 빛이 조직에 닿게 되면 반사, 산란, 흡수, 전이가 된다.

② 레이저의 치료 효과는 흡수에 의하며, 조직에서 빛을 흡수하는 물질을 발색단이라고 한다. 대표적인 예로는 수분, 멜라닌 색소, 혈색소 등이 있고, 각 발색단은 특정한 흡수 파장을 가지고 있다.

4. 레이저의 적용

① 오타 모반

㉠ 오타 모반은 주로 눈 주위에 많이 발생하는 검푸른 반점이다.

㉡ 알렉산드라이트 레이저, 큐 스위치 엔디야그 레이저를 단독 혹은 보완적으로 시술한다.

② 화염상 모반

㉠ 붉은 점처럼 보이는 반점이다.

㉡ 색소 레이저(SPTL)로 시술한다.

㉢ 안면에 반흔처럼 보이는 화염상 모반이나 혈관종 등 혈관 이상으로 인한 붉은 반점류와 모세 혈관 확장증은 가능한 한 빨리 시술해야 치료 효과가 높다.

③ 점 : 탄산가스 레이저 또는 큐 스위치 엔디야그 레이저를 보완적으로 시술한다.

④ 문신

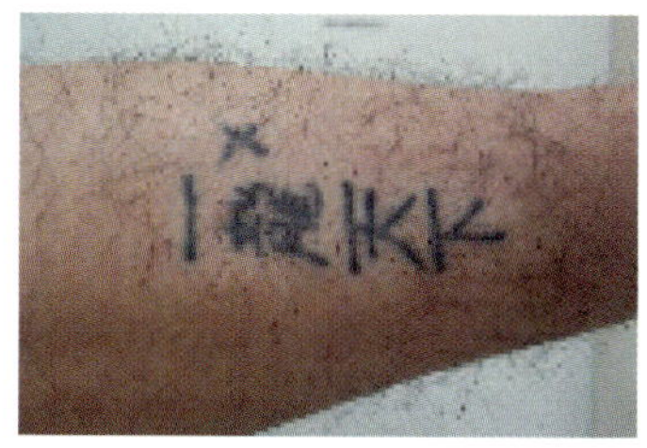

[그림] 문신 레이저 적용 전

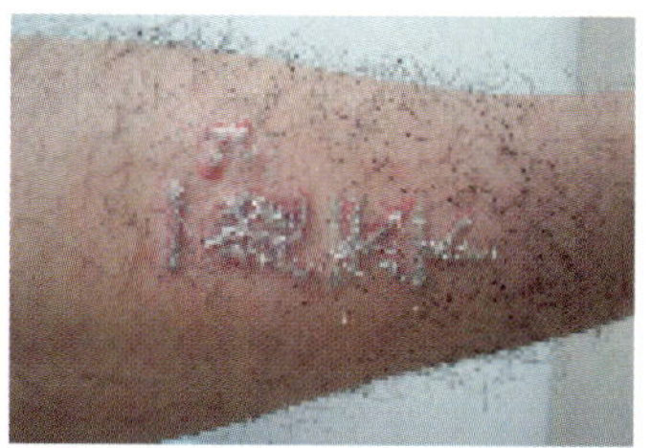

[그림] 문신 레이저 적용 후

      ⊙ 미용 문신과 몸의 일부에 새겨 넣은 각종 문신을 제거하는 데 시술한다.

      ○ 알렉산드라이트 레이저를 주로 사용하고 차선으로 루비 레이저를 사용한다.

5. 레이저 시술 후 주의 사항

① 치료를 받은 직후에는 치료 부위가 하얗게 되거나 잿빛을 띠면서 빨갛게 부어오르고 물집이 잡히기도 한다. 이 상태는 2~3일이 지나면 얇은 딱지로 변하여 5일~2주일 사이에 벗겨진다.

② 치료 후 며칠이 지나 딱지가 생기면 억지로 떼지 말고 자연히 떨어질 때까지 기다려야 한다. 만일 억지로 떼게 되면 색소 침착이나 흉터가 남을 수 있다.

③ 치료 부위가 심하게 부어오르거나 물집이 생기면 얼음찜질을 하여야 하며, 경우에 따라서 상처 보호를 위하여 지정된 약을 바르고 거즈를 부착하여야 한다.

④ 치료 후에 직사광선을 피해야 하며, 치료 1주일 후 딱지가 떨어지기 시작하면 자외선 차단제와 함께 평소보다 짙은 화장을 하고 다니는 것이 좋다. 이때 화장품은 저자극성 화장품을 사용하여야 한다.

⑤ 치료 후 1달 정도가 지나면 일부 환자에게 색소 침착이 나타나는 경우가 있으나, 이는 치료가 잘못된 것이 아니라 피부의 생리적 방어 과정으로 피부 착색이 나타나는 것이다. 이때부터 약 6개월이 지나야 완전히 제 피부색으로 돌아오게 되며, 이런 경우에는 색소 침착 부위에 지속적으로 자외선 차단제와 색소 억제 크림을 사용한다.

② 종 류

1. CO_2 레이저(이산화탄소 레이저)

CO_2 레이저는 피부과 영역에서 가장 유용하게 사용되는 레이저로, 파장은 10,600nm로 원적외선에 속하며 눈에 보이지 않으므로 적색의 헬륨-네온 레이저 광(He-Laser)을 보조적으로 사용한다.

CO_2 레이저는 피부의 표피층을 기화시키며 진피층과 피하 조직에 여러 가지의 광생화학적·광물리학적 효과를 작용하여 피부 콜라겐의 재합성, 피부결체 조직의 합성 및 강화 등을 통해 피부를 재생시킨다.

CO_2 레이저는 CO_2 : N_2 : He 가스가 1 : 1.5 : 4의 비율로 혼합되어 있는 기체 레이저

이다. 병변을 파괴시키거나 절개 시 사용하며, 수분에 대한 흡수력이 높아 수분이 많은 피부 조직에 반응한다.

CO_2 레이저 빛은 반사나 산란이 적어 대부분의 에너지를 표적에 집중시킬 수 있다. 그리고 펄스(pulse)를 매우 짧게 하여 표적 이외의 주위 조직에는 열 손상을 최소화하며, 조사 부위를 순간적으로 기화시켜 출혈 없이 조직과 병변을 파괴시키고 절개할 수 있어 유용하고 편리하게 사용되고 있다.

(1) 장 점

시술 방법이 간단하고 시술 시간이 짧으며, 미세 병변이나 정교한 시술을 할 수 있고 주위 조직의 손상이 적고 시술 후 회복 기간이 빠르다.

(2) 치료 간격 및 횟수

기본적으로 4~6주 후에 재시술이 가능하다.

(3) 주의 사항

치료 후 3일 정도는 물 접촉을 피하며, 시술 후 가피(딱지)가 저절로 떨어질 때까지 관리를 하고, 피부 재생 연고를 바르고 가피(딱지)가 떨어진 후엔 자외선 차단제를 반드시 바른다.

(4) 주 적응증

① 지루 각화증
② **검버섯** : 표피 각질 형성 세포(Keratinocyte)로 구성되며, 체부, 안면, 두피에 생긴다.
③ **선천성 모반** : 신생아의 약 1%에서 선천성인 색소 모반이 발견된다.

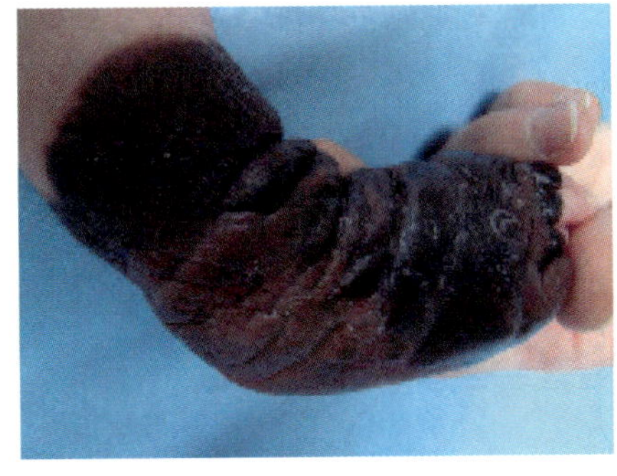

[그림] 거대 모반

④ **비립종** : 백색, 황색의 표재성의 각질 낭종으로 오픈하여 압출하면 하얀 알갱이
  가 나온다.

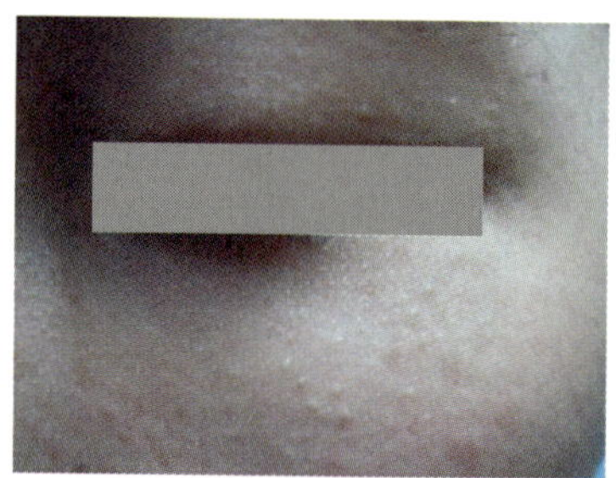

[그림] 비립종

⑤ **사마귀** : 사마귀는 뿌리가 없으며 손, 발, 다리, 얼굴, 성기 등에 발생한다.

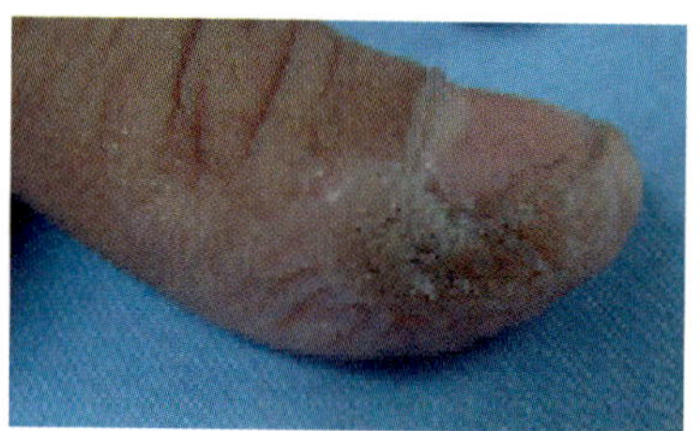

[그림] 사마귀

⑥ **한관종** : 표면은 둥글거나 편평할 수 있으며, 일반적으로 3mm보다 작다. 레이저
  시술 후 50% TCA를 도포 치료하면 흉터와 부작용을 경감시킨다.

⑦ **여드름** : 빠른 치료를 유도하며 반흔을 남기지 않는 장점이 있다.

⑧ **티눈** : 지속적인 마찰과 압력에 의해 발생한다.

⑨ **섬유종(쥐젖)** : 교원 섬유(콜라겐)의 이상으로 일어나는 일종의 종양이다.

⑩ **광선 각화증** : 장기간의 태양 광선 노출 부위에 발생한다.

⑪ **조갑하 혈종 시술**

⑫ **표피낭종** : 피부 표피 성분으로 둘러싸인 각질과 그 부산물을 함유한 낭종을 터
  지지 않도록 다루어 완벽하게 제거한다.

⑬ **버찌 혈관종** : 미용을 목적으로 전기 응고, 냉동 요법, 레이저 치료를 병합해서
  사용한다. 나이가 들면서 발생하는 모세 혈관 혈관종의 일종이다.

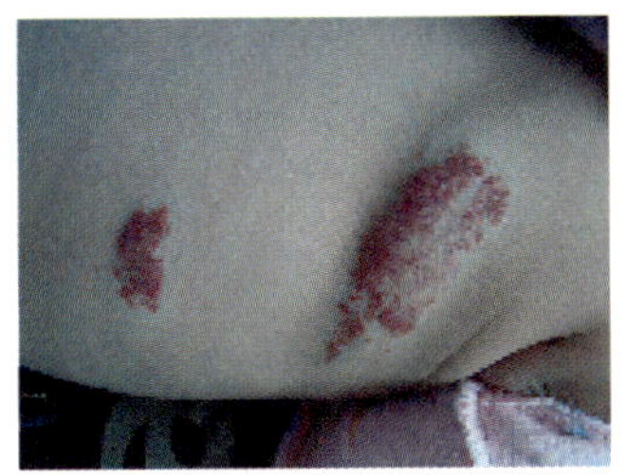

[그림] 혈관종

⑭ 모반 : 비정상적인 색소 형성 또는 혈관, 진피, 표피 조직의 비정상적인 증식으로 인해 생기는 선천적인 피부병변이다. 모반은 겉으로 돌출되거나 표피를 따라 퍼져 있다. 청색 모반(blue nevus)과 같은 형태는 모반 조직이 피부의 아래층인 진피 깊숙이 들어 있다.

2. 엔디야그 레이저

전 세계적으로 가장 널리 쓰이는 레이저 기기로 흉터 없이 문신과 색소 침착된 피부를 제거한다. 엔디야그 레이저는 시술 부위에 고출력의 에너지가 짧은 시간 안에 조직에 전달된 후 열로 변해 멜라닌이나 문신 색소를 순간적으로 파괴하여 치료하는 형태이다.

(1) 치료 간격 및 횟수

일반적으로 2개월 간격으로 시술 부위에 따라 2~3회 정도 반복하여 치료하고, 오타 모반은 3~7회 정도, 얕은 점이나 주근깨 등은 1~3회 정도 치료한다.

(2) 주의 사항

시술 후 경미한 출혈이나 물집이 생길 수 있다. 딱지가 생길 때까지 세안을 하지 않으며, 딱지가 떨어진 후에는 자외선 차단제를 바른다.

시술 후 2주까지는 음주, 아스피린, 그 외 혈액 응고 장애를 주는 약은 피해야 하며 심한 운동도 삼간다.

(3) 주 적응증

① 문신 제거 : 문신 제거는 6주 이상의 치료 간격을 유지하는 것이 좋다.
② 눈썹 문신 제거 : 눈썹 문신은 대개 검은색 위주의 단일 색소를 사용하므로 비교적 치료가 쉬운 편이며, 대개 2~3회 정도의 시술로 만족스런 결과를 얻는다.

③ 아이라인 제거 : 눈의 손상과 같은 돌발 사태를 막기 위해 눈을 보호하기 위한 아이 실드를 사용하는 것이 안전하다.

④ 오타 모반 시술 : 오타 모반은 보통 중년 여성의 얼굴, 이마, 관자놀이, 눈꺼풀, 코에 후천적으로 생기는 청갈색, 청회색의 반점이며 대칭적으로 발생한다. 보통 2~3개월 간격으로 치료를 시행해 5회 이상 시술 시 상당히 호전적이며, 병변 색깔이 짙은 경우 염증 후 색소 침착이 강하게 나타날 수 있다.

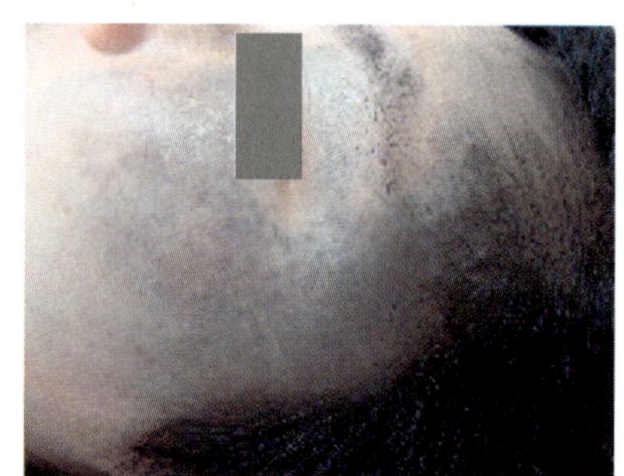

[그림] 오타 반점

⑤ 흑자 : 멜라닌 세포의 증식에 의한 색소반으로 단순 흑자, 노인성(일광) 흑자, 다양한 증후군과 관련된 흑자 등으로 구분된다.

3. 레이저 토닝

동양인 기미에 가장 적합한 시술이다. 레이저 중에 가장 짧은 노출 시간을 가지는 1,064nm 파장대의 Spectra VRM Q-스위치 모드로 균일한 빛을 조사(광선이나 방사선 따위를 쬐는 일)하여 피부 조직에 대한 손상과 흉터 걱정 없이 기미 부위 멜라닌 색소만을 선택적으로 파괴하는 새로운 악성 기미 치료 기법이다.

타 레이저 치료 시 발생하는 기미가 짙어지는 현상이 없으며, 진피층의 콜라겐 리모델링을 촉진하여 모공, 잔주름 개선의 효과를 볼 수 있다.

피부 클렌징 후 바로 시행하며, 시술 과정이 간편하고 짧으며, 무마취 시술로 통증, 출혈, 딱지, 감염 등의 우려가 없고 일상생활에 지장이 없다는 장점이 있다.

(1) 치료 간격 및 횟수

총 10회를 기본으로 치료하며, 카본 로션을 이용한 '소프트 레이저 필', 'Vit-C 이온 요법'과 함께 치료하면 더 빠른 개선 효과를 볼 수 있다.

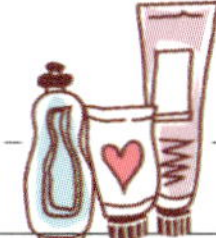

(2) 레이저 토닝의 주 적응증

① 기미
② 잡티
③ 검버섯

4. 프락셀 레이저

프락셀 레이저(Fraxel Laser)는 1cm^{2}당 약 2,000개 정도의 가느다란 레이저 빔을 조사하여 눈에 보이지 않는 미세한 박피를 하는 최신 레이저 시술법이다. 레이저 빔이 모든 미세한 열 치료 구역들을 집중적으로 시술하고 그 주변 조직에는 영향을 끼치지 않고 그대로 남겨 두는 치료법이다.

프락셀 레이저로 뚫은 작은 구멍은 진피 깊숙한 곳까지 도달해 미세한 열 치료 구역을 만든 뒤 줄기세포를 자극하고 콜라겐과 엘라스틴을 재생해 결국은 새살이 차오르게 된다.

이렇게 새살이 오르기 때문에 흉터뿐 아니라 잔주름을 개선하는 효과까지 있다. 눈가나 입가 등의 얼굴뿐 아니라 신체 모든 부위에 치료가 가능하다.

지금까지 피부를 재생시키는 레이저에는 피부를 깎아내는 레이저와 깎지 않고 피부 속만 재생시키는 레이저가 있었다. 피부를 깎는 레이저는 피부를 넓게 재생시키지만 회복 기간이 길고 부작용의 위험이 큰 단점이 있고, 피부를 깎지 않는 레이저는 부작용의 위험성은 적지만 상대적으로 효과는 적은 편이다. 하지만 프락셀 레이저는 일부만 깎아내는 레이저로, 기존의 두 레이저의 장점을 결합한 새로운 개념의 레이저이다.

프락셀 레이저는 안전하고 효과적이며, 섬세한 부위에도 치료가 가능하다. 시술 후 화장이 가능하며(이틀 후에 하는 것을 권장), 자연스러운 피부의 개선을 보인다. 또한 레이저의 강도를 자유롭게 조절할 수 있고, 시술 시간과 회복 시간이 짧은 것이 장점이다.

(1) 치료 간격 및 횟수

1~2주를 간격으로 3~5회 정도 시술한다.

(2) 주의 사항

① 치료 후 절대로 문지르지 말고, 딱지가 생기면 뜯지 말고 저절로 떨어질 때까지 기다려야 한다.

② 치료 부위가 통증이 심하게 부어오르면 대체적으로는 얼음찜질을 하면 좋아지지만 만약 물집이 생기거나 발열감이 있어 염증이 의심되면 즉시 병원에 가야 한다.

③ 딱지가 떨어지거나 회색의 색소 침착이 떨어지면 연고 도포는 중지하여도 되며, 외출 시에는 자외선 차단제를 치료 부위에 광범위하게 바르고 그 위에 화장이 가능하다.

④ 직사광선은 가능한 한 피한다.

⑤ 1회 치료 후 같은 부위의 반복 치료는 레이저의 종류에 따라 다소 차이는 있지만 치료 효과의 판정을 위하여 3~4주 후 가능하다.

⑥ 치료 후 2주까지는 음주, 아스피린, 그 외에 혈액 응고에 장애를 주는 약을 피하여야 하며, 심한 운동도 삼가는 것이 좋다.

⑦ 레이저 치료의 경우 레이저 광선이 시력에 장애를 유발하므로 환자와 의사 모두 보안경을 착용하거나 안대로 눈을 보호해야 한다.

(3) 주 적응증

① **주름 치료 및 탄력 관리** : 주름과 노화된 피부를 한 번에 치료하며, 주름 치료는 얼굴 부위 전체와 목 등 신체의 다양한 부분에 제한 없이 사용할 수 있고, 주름 치료와 기미, 주근깨, 잡티 등을 동시에 제거할 수 있다.

진피층의 콜라겐을 수축, 생성하여 피부 탄력을 증가시키며 잔주름이 개선된다. 1주일 내 표피에서부터 변화가 일어나 잡티가 사라지며, 2~3개월 후 피부 탄력이 좋아진다.

권장 주름 시술 프로그램
- 약한 노화 현상(50대 전후) : 2주 간격 2~3회 시술
- 심한 노화 현상(50대 이상) : 3주 간격 4~5회 시술
- 환자에 따라 적용되는 프로그램이 달라질 수 있으므로 전문의와의 상의가 필요하다.

② **여드름 및 여드름 흉터** : 여드름 흉터 치료의 가장 큰 장점은 무엇보다 피부의 붉은 색조가 오래가지 않아 일상생활에 부담을 주지 않는다는 점이다. 시술 후 보통 2~3일 정도면 붉은 색조가 사라지고 2~3개월이면 피부의 재생이 끝나 눈에 띌 만한 피부의 호전 상태를 얻게 된다. 치료는 3~4주 간격으로 4~5회 정도 받으며, 여드름 흉터의 경우 시술한 환자의 약 90% 정도가 만족감을 보인 것으로 나타나고 있다.

③ **모공 치료** : 모공을 터뜨려서 모공을 정상적으로 재생하고 축소한다.

④ **흉터 제거**

⑤ **색소 질환** : 피부, 모공, 잡티, 기미, 검버섯 등의 여러 질환을 동시에 개선시켜 준다.

프락셀 레이저의 시술 과정

1. 세안 : 치료를 시작하기 전에 클렌징으로 세안한다.
2. 국소 마취 : 국소적 마취 연고를 치료하기 전에 피부에 발라준다. 이 단계는 피부 감각을 잃게 하고 치료 중 따끔거림이나 뜨거운 느낌을 덜어준다.
3. Optic Guide Blue(블루 용액) : FDA에서 입증 받은 수용액을 치료 부위 전체에 피부 윤곽을 눈에 띄도록 도포한다. 이 용액은 피부 접촉을 감지하고 핸드피스의 속도를 고려해서 치료 패턴을 조절해 주는 작용을 한다. Optic Guide Blue는 치료 후에 씻어낸다.
4. Fraxel 시술

---

5. 헬륨네온 레이저

1971년에 Mester 등이 헬륨네온 레이저를 이용하여 상처의 치료가 촉진되고, 난치성 궤양에 치료 효과가 있음을 입증하였다. 미세 혈류를 자극하고 국소 영양 상태를 증가시켜 통증, 염증, 부종을 감소시킨다. 또한 세포의 증식을 자극하며 세포의 재생을 촉진하므로 상처의 치유에 도움을 준다.

6. 기타 장비

(1) IPL

다양한 파장의 빛을 강한 펄스(Pulse) 형태로 방출시켜서 임상적으로 사용하는 기기로, 1993년 개발되어 빠르게 보급되었다. 모세 혈관, 색소 침착, 모공, 주름 등의 별개의 질환을 부작용 없이 동시에 치료하는 방법이다.

파장 에너지, 조사 시간, 조사 횟수 등 여러 가지 변수를 조합해야 하므로 많은 경험을 필요로 한다. 흰색에는 반응하지 않고 검거나 붉은 색소에만 반응한다.

① **장점** : 광노화로 발생된 각종 피부 증상을 호전시킨다. 적응증이 넓고 한 번의 시술로 여러 가지 효과를 거둘 수 있다.

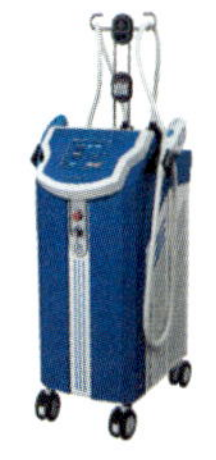

[그림] IPL

② 주 적응증

  ㉠ 혈관 확장증

  ㉡ 혈관 기형

  ㉢ 혈관종

  ㉣ 문신

  ㉤ 오타 모반

  ㉥ 주근깨

  ㉦ 흑자

  ㉧ 검버섯

  ㉨ 제모

③ IPL 시술

화장품과 같은 물질들은 IPL 에너지를 흡수하거나 흡수를 방해할 수 있으므로 화장을 깨끗이 지우고, 세안 후 환자의 눈에 거즈를 덮거나 환자용 고글을 쓰게 한다. 일반적으로 환자의 머리쪽에 앉아서 시술하므로 이마 → 턱선 → 볼 → 콧등 순서로 조사하는 것이 일반적이다.

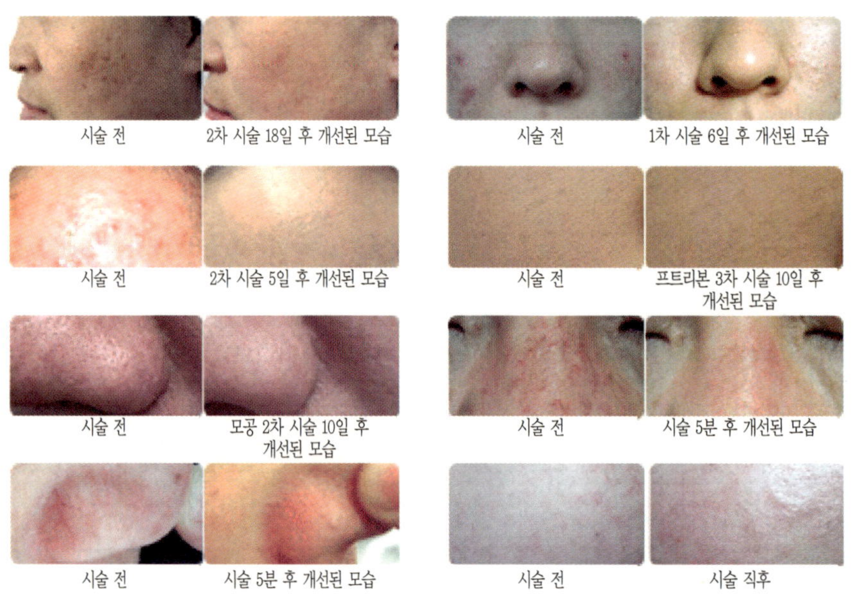

시술 전 | 2차 시술 18일 후 개선된 모습 | 시술 전 | 1차 시술 6일 후 개선된 모습

시술 전 | 2차 시술 5일 후 개선된 모습 | 시술 전 | 프트리본 3차 시술 10일 후 개선된 모습

시술 전 | 모공 2차 시술 10일 후 개선된 모습 | 시술 전 | 시술 5분 후 개선된 모습

시술 전 | 시술 5분 후 개선된 모습 | 시술 전 | 시술 직후

[그림] IPL 시술 전과 시술 3주 후

④ IPL 제모 시술

⑤ IPL 모세 혈관 확장증 시술

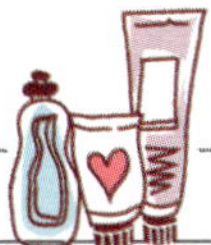

⑥ 후 처치

    ㉠ 반복되는 박피에 의해 피부가 일시적으로 얇아진 상태이므로 자외선 노출을 삼간다.

    ㉡ 땀을 지나치게 많이 흘리는 것은 피부에 자극이 되므로 심한 운동을 삼간다.

    ㉢ 피부를 물리적으로 문지르거나 자극을 주는 행동을 삼간다.

    ㉣ 치료 기간 동안에는 사우나나 찜질방과 같은 곳에서 심한 열에 노출되는 것을 피하거나 시간을 최소화한다.

    ㉤ 피부에 충분한 보습을 준다.

    ㉥ 자외선 차단제를 충분히 발라준다.

(2) 써마지(Thermage)

써마지는 전기를 이용하여 진피의 섬유 모세포를 자극하는 방법이다. 고주파의 전기 에너지가 피부의 여러 층을 통과하면서 저항의 차이에 의해 발생되는 열에너지가 진피의 섬유 모세포를 자극하여 콜라겐 합성을 증가시킨다.

(3) 폴라리스

고주파와 다이오드 레이저를 동시에 사용하여 표피와 진피를 동시에 자극하여 콜라겐의 재생을 돕는 방법이다.

(4) 클리어라이트

염증성 여드름 치료에 사용되는 기기로, 여드름 원인균인 P. *acnes*를 파괴하는 것으로 알려져 있다. 가시광선의 빛을 쪼는 치료법이므로 아프지 않고 치료 후 흔적이 남지 않는 장점이 있다.

03 필링

필링(Peeling)이란 손상된 표피와 진피의 일부를 제거하여 새로운 피부가 재생되는 효과를 이용하는 것이다. 피부는 기저층에서 새로 생성되어 성장을 계속하면서 피부 밖으로 밀려 올라와 표피층에서 형성하게 된다.

피부 세포의 이러한 성장 과정 전체가 피부 세포의 각질화 과정에 해당된다. 각질화 과정의 길이인 피부 세포의 수명은 약 4주간이 정상인데, 약 20~25세 이후부터 세포 재생이 더뎌지면서 각질 탈락 속도가 느려져 각질층의 탈수, 칙칙한 안색, 주름, 자외선으로 인해 생긴 기미, 피지 분비로 커진 모공 등의 문제가 발생된다.

이러한 문제점들은 필링을 통한 각질 제거로 만족스런 효과를 얻을 수 있다. 또한 필링은 단순히 피부를 벗겨내는 것이 아니라 새로운 피부가 재생되도록 유도하는 것을 뜻한다. 필링은 어느 층까지 피부를 벗겨내는가가 무엇보다 중요하며, 피부 질환의 종류, 필링 방법, 후유증과 부작용을 최소화하기 위한 필링의 전후 관리 등에 따라 그 결과가 현저하게 달라진다.

의사들은 환자들의 치료를 앞당기기 위해 필링 후 피부 관리를 접목, 환자들의 상태를 지속적으로 점검하여 사후 문제를 관리할 수 있게 되었다.

① 역사

고대부터 인간은 특정한 코스메틱 효과를 얻기 위해 피부의 겉 부분을 제거하는 기술을 시도해 왔다. 신체를 장식하려는 의도에서 흉터나 켈로이드(흉터종)를 피부에 남기려고 연마제나 날카로운 도구를 이용하여 피부에 문지르며 상처를 내기도 했다.

그리스, 로마 시대의 의사들은 발효 우유, 포도 주스, 레몬 추출물을 사용하여 피부의 재생 효과를 얻을 수 있었다. 이러한 물질들 안에 들어 있는 활성 성분들이 알파 하이드록시산이었다. 한편 바빌론과 인도의 의사들은 각질층을 벗겨내기 위해 연마제를 사용했다.

중세 시대에는 겨자 찜질, 석회석, 설퍼(Sulfur)가 피부를 재생시키기 위해 사용되었으며 터키 사람들은 불로 피부를 그을려서 가벼운 각질 탈락을 일으켰다. 유랑하는 집시들은 마을을 이동하면서 다양한 화학 약품을 이용하여 사람들에게 필링을 해주고, 그 제조법을 세대를 거쳐 전수시켰다.

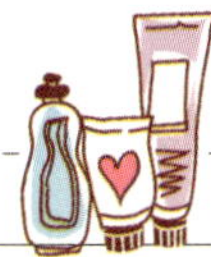

2 메디컬 필링의 변천 과정

1882년	독일의 피부과 의사인 Unna가 살리실산, 레조르시놀, 페놀, TCA 등의 성상을 기술화하였다.
1926년	트리클로로아세트산(Trichloroacetic Acid)이 피부 질환 목적으로 사용되었다는 문헌이 보고되었다.
1930년	영국에서 Mackee가 얼굴의 흉터를 치료하기 위해 페놀을 사용하기 시작하였다.
1945년	각종 농도의 TCA를 피부 질환에 사용하여 탁월한 효과를 관찰한 문헌이 보고되었다.
1960년	피부과 의사들에 의해 화학 박피술이 진행되었다.
1965년	Ayres가 노화 피부에 적용하여 안전하고 효과적인 치료 방법이 입증되었다.
1970년	피부과 의사들에 의해 TCA 필링 연구가 진행되었다.
1985년	복합 필링제가 개발되었다.
1994년	GA, TCA를 결합한 방법을 개발, 발표하였다.

3 종 류

피부 미용을 위한 필링의 주요 기법으로는 에스테틱 필링, 스케일링, 메디컬 필링을 들 수 있다. 에스테틱 필링이나 메디컬 필링은 여드름, 여드름 흉터 완화, 주름살 완화를 위한 노화 관리, 색소 침착 완화 등을 위해 이용할 수 있다. 이때 사용하는 제품의 종류에 따라 에스테틱 필링과 메디컬 필링으로 구분되며, 경우에 따라서는 농도나 성분만을 달리하여 병행하여 사용하기도 한다.

(1) 에스테틱 필링(딥 클렌징)

① **물리적 필링** : 단단하고 작은 둥근 입자인 스크럽 입자를 이용해 손으로 마사지하여, 물리적인 마찰을 이용해 각질을 탈락시키는 방법이다.

> **예** 아몬드씨, 살구씨, 조개껍질의 가루, 고령토

② **생물학적 필링** : 물리적인 압력을 이용하지 않고 각질층의 생물학적 반응을 통해 각질을 제거하는 방법이다.

> **예** 파파야, 브로멜린(파인애플에서 추출되는 단백질 분해 효소), 펩신과 트립신(단백질을 아미노산으로 분해하는 작용을 하는 효소)

(2) 스케일링

① AHA 30~50%
② 아미노산
③ 살리실산
④ 복합필
⑤ 미세 박피
⑥ 천연 필

(3) 메디컬 필링

① 제스너
② 레조르시놀
③ 살리실산
④ 글리콜산
⑤ TCA
⑥ 페놀
⑦ 레이저

4 기구와 방법에 따른 피부 필링의 분류

(1) 화학 필링

화학 물질을 피부에 도포하여 피부의 표피나 진피층을 벗겨내는 방법으로 제스너, 글리콜산, 레조르시놀(Resorcinol), 페놀 등이 사용된다. 최근에는 해초 박피, 엑소덤, 오바지 블루 필, 아미노 필, 로테이션 필이 여드름, 기미, 주근깨, 잡티, 주름, 피부 노화의 치료에 많이 사용된다.

(2) 기계 필링

기계를 이용하여 물리적으로 피부의 각질층을 벗겨내는 방법으로 그라인더와 같은 기계를 이용하는 박피술로서 크리스털 필링, 다이아몬드 필링 등이 있다. 여드름 흉터, 색소 질환, 튼 살, 닭살 치료 등에 사용된다.

(3) 레이저 필링

레이저를 이용하여 조직에 열을 가하여 순간적으로 피부가 기화되어 피부 탈락을 유도하는 시술로, 표피의 재생을 유도하고 진피층을 자극하여 콜라겐 생성을 촉진하므로 여드름 흉터, 주름 치료, 색소 침착 등에 많이 사용된다.

5 필링의 효과

① 피부 노화의 예방 및 치료
② 깊지 않고 평탄한 흉터
③ 잔주름, 깊지 않은 주름
④ 불규칙한 피부 과색소증, 기미, 검버섯
⑤ 여드름, 지성, 지루성 피부 질환
⑥ 주사(Rosacea)

6 필링으로 얻을 수 없는 것

① 모공 수축
② 처진 피부 개선
③ 깊은 흉터
④ 파괴된 실핏줄

7 필링 적용 부위

① 얼굴
② 손 및 팔
③ 목
④ 다리
⑤ 배

8 필링의 부적용증

① 임신부
② **심장병, 간장병, 신장병 질환자** : 통증과 작열감 때문에 호흡 장애가 올 수 있다.
③ 정서적으로 불안한 사람
④ **켈로이드 체질** : 재생 능력이 과다한 경우, 재생 능력의 탁월함 때문에 피부가 뛰어오른다.
⑤ **헤르페스가 잘 생기는 사람** : 세균이나 바이러스 감염이 쉽다.

⑥ 딱딱한 여드름, 낭종

⑦ 스트레스가 심한 사람

⑧ 로아큐탄, 아큐탄, 비타민 A 유도체 복용자(경구용 여드름약) : 피부가 건조하며 얇아져 있으므로 약한 자극에도 민감하게 반응한다.

⑨ 방사선 치료 중인 경우

⑩ 최근 주름 제거 수술 및 안검 성형 수술한 경우

9 깊이에 따른 분류

(1) 얕은 필링

아주 낮은 농도의 15% TCA, 과일산, 제스너 솔루션, 크리스털 필링 등으로 각질층 과립층까지의 표피만 탈락시키는 방법이다. 여드름, 칙칙한 피부, 기미에 시술한다.

(2) 중간 필링

표피 전층과 진피층 윗 부위를 탈락시키는 방법이다. 고농도의 TCA, 제스너, 해초 박피, 레이저 박피 등이 있다. 여드름 흉터, 넓은 모공, 주근깨, 잡티 등에 시술한다.

(3) 깊은 필링

진피 하부 망상층까지 탈락시킨다. 기계 박피술, 레이저 박피술, 페놀 등으로 시술하며, 깊은 여드름 흉터, 깊은 흉터, 주름, 노화 피부에 적용한다.

(4) 필링의 깊이를 좌우하는 요인

① 필링제의 용도, 농도, 덧바르는 횟수, 바르는 방법

② 피부 세정 및 세안제 종류

③ 필링 전 처치 단계

④ 환자의 피부 타입

⑤ 필링 부위

⑥ 피부 지속 시간

10 필링 시술 전 확인 사항

① 환자의 병력, 과거력, 이학적 소견
② 헤르페스 병력 여부
③ 시술 후 필요한 시간이 필요함을 인지
④ 시술 후 필요한 사항 미리 준비
⑤ 사용할 약물, 시간, 시술 방법 등 확인
⑥ 시술 후 관리 충분히 고려
⑦ 로아큐탄 복용 여부 확인
⑧ 시술 전 사진 촬영
⑨ 시술 동의서 확인
⑩ 시술 전 환자와 충분한 의견 교환

11 시술 전 준비 사항

① 시술 소요 시간에 대한 설명을 한다.
② 환자의 목 주위의 옷을 느슨하게 한다.
③ 콘택트렌즈의 사용 여부를 확인한다.
④ 화장을 지운다.
⑤ 시술 동의서를 작성한다.
⑥ 환자가 안정을 취할 수 있도록 한다.
⑦ 시술 후 필요한 약물 등을 미리 준비한다.

12 필링의 안전 수칙

① 약품 병에 확실한 라벨을 확인한다.
② 홍반 얼굴 위로 약품 병을 옮기지 않는다.
③ 머리를 약간 높게 위치시킨다.
④ 중화시킬 물을 항상 옆에 둔다.
⑤ 새로운 브랜드 사용 시 조성을 확인한다.
⑥ 환자의 피부 미용 과거력을 확인한다.
⑦ 시술 후 반드시 자외선 차단제를 사용한다.

13 필링 후 주의 사항

① 24시간 동안은 아무것도 얼굴에 바르지 않으며 세수도 하지 않는다.

② 자외선 차단제를 꼭 바른다.

③ 3~4일 후부터 손으로 벗기거나 비비지 않는다.

④ 남자인 경우는 필링이 될 때까지 면도를 금한다.

⑤ 레티놀 A의 사용을 금한다.

⑥ 부어오름, 가려움증 등의 과민 반응이 나타나면 즉시 병원에 연락한다.

⑦ 필링이 되면 얼굴이 당기므로 수분 보습제, 영양 크림을 바른다.

⑧ 금주, 금연한다.

⑨ 화장은 되도록 파우더를 사용한다.

⑩ 사우나를 금지한다.

⑪ 일정 기간 동안 재생 관리를 한다.

14 필링 후 부작용

① 홍반

② 건조

③ 염증 후 색소 침착

④ 단순 포진

⑤ 피부의 예민화

⑥ 습진

⑦ 부스럼(여드름, 모낭염)

15 필링의 전후 관리

① **전 처치** : 필링의 종류에 따라 전 처치로 미세한 필링을 하게 하거나 재생 프로그램 진행(바이러스 억제, 염증 억제 처방)

② 클렌징 및 소독

③ 필링

④ **후 처치**

  ㉠ 진정 : 필링 자체가 자극적이고 홍반을 유발하는 경우가 많아 화끈거림이나 홍반을 가라앉게 하는 후처치가 요구된다.

   ⓛ 보습 : 각질층이 탈락된 상태이므로 각질층의 보습에 주력하는 후 처치를 실
    시한다.
  ⑤ 재생 관리 프로그램
  ⑥ 자외선 차단

16 필링의 유형

(1) AHA(Alpha Hydoxy Acid)

  과일에 들어 있는 산의 종류를 총칭하며, 천연 유기산으로 각질 탈락을 유도하여
세포 교체를 신속하게 한다. AHA는 각질 세포 사이의 응집력에 영향을 주며, 각질
층의 pH 변형을 통하여 피부에 작용하여 기미, 주근깨, 잔주름, 노화 피부, 여드
름, 모공 등에 적용한다.

주 성분
- 글리콜산(Glycolic Acid)
- 젖산(Lactic Acid) : 발효된 우유
- 사과산(Malic Acid) : 사과
- 주석산(Tartaric Acid) : 오래된 포도주
- 구연산(Citric Acid) : 시트러스 과일

(2) 글리콜산(Glycolic Acid)

  ① Lunch Peel이라고도 불리는 글리콜산은 사탕수수에서 추출되고 AHA 중 가장
   분자량이 작아 피부 속으로의 침투 속도가 빨라 효능이 빠른 반면에 다른 필링
   제들보다 따가움도 많이 느낀다.
  ② 가격이 저렴하고 독성이 없으며 천연적으로 할 수 있는 필링 중 가장 효과가
   좋다.
  ③ 글릭콜산이 여러 분야에서 호응을 얻을 수 있는 이유는 강도를 자유자재로 다양
   하게 조절할 수 있기 때문이다.
  ④ 저농도를 사용할 경우에는 홈케어용 화장품으로 별 부담 없이 사용할 수 있고 3%
   정도는 아이케어용, 7% 정도는 클렌징제로, 8~10% 정도는 크림 베이스를 첨가하
   여 노화용 크림이나 건성용 크림으로 사용하고, 젤 베이스의 경우에는 여드름과
   지성 피부에, 15% 정도는 건피증 증세가 있는 바디 크림으로 사용되고 있다.

⑤ 글리콜산은 각질층을 얇은 종이 모양으로 탈락되게 하면서도 피부 장벽 기능을 손상하지 않는다는 장점이 있다. 다른 필링제보다 따가움을 느끼게 하는 단점이 있으며 사람에 따라 반응이 다르게 나타나고, 반드시 중화를 하여야 한다.

주 적응증

여드름, 잡티, 검버섯, 기미, 모공 확장 개선에 치료 효과가 기대된다.

(3) BHA(Beta Hydroxy Acid, 살리실산)

① 버드나무 수피, 윈터그린, 자작나무에서 추출하며, 화장품에 약 2% 정도 저농도로 함유되기도 한다.

② 각질 탈락을 증가시키고 외피의 세포 재생을 촉진하여 색소 침착, 표피의 거칠음 감소, 잔주름 감소에 효과적이다.

③ BHA는 지용성으로 여드름 덩어리 용해, 모공의 피지를 흡수하여 모공 입구 각질 탈락에 효과적이고, 중화는 하지 않는다.

④ 살리실산 필링 시 넓은 부위를 필링하지 않는다는 점에 주의해야 한다.

⑤ 신장 질환이 있는 경우 건강한 사람보다 살리실산을 빠르게 배설할 수 없으므로 독성의 위험성이 증가한다. 그러므로 아주 작은 부위만 필링한다.

⑥ 필링 후 12시간 동안에 물을 최소한 8컵 이상 마셔서 살리실산의 배설을 돕는다.

AHA와의 차이점

덜 따가우며 항염 효과가 커서 여드름과 주사에 효과적이다.

(4) TCA(Trichloroacetic-acid)

① 주름, 여드름, 주근깨, 기미, 넓은 모공, 잡티 등의 치료에 많아 이용되는 방법으로 피부의 단백질을 응고시키는 작용이 있는 트리클로로아세트산(Trichloroacetic acid)의 일종으로 표피와 진피 상부를 괴사시킨다.

② 손상 받은 조직의 밑에 있는 모낭으로부터 표피 세포가 이동되어 표피를 재생시키고 2~3주 내에 진피도 재생되어 일반적으로 피부에 흉터를 남기지 않는다. TCA의 피부 내 침투력은 농도에 크게 좌우된다.

③ TCA에 의해 깊은 필링을 할 경우에는 환자 선택에 신중을 기해야 한다. 동양인들에게는 특히 염증 후 과색소 침착의 위험이 있기 때문이다.

④ 필링 시 TCA를 바르면 피부에 프로스팅(Frosting)이 생기는데 이를 보고 필링이 완성되었음을 알 수 있다. 프로스팅은 일시적인 혈관 수축과 산에 의한 피부 단백질 변화와 관련이 있는 것으로 추정되고 있다.

⑤ 치료 후 색소 관련 판정은 바로도 가능하며 대략적으로 2개월 후엔 색소 관련 판정을 알 수 있고, 여드름 흉터의 경우 5~10회 시술 후 6개월 이내에 효과를 볼 수 있다.

⑥ 회복 기간은 얕은 필링인 경우에는 대략 5~7일 정도이고, 깊은 필링이거나 복합 필링인 경우에는 7~10일 정도 소요된다.

⑦ TCA에 의한 화학 박피는 피부 병변의 박피와 노화된 피부의 소생에 효과적인 치료법이다.

　㉠ TCA 15~20% : 표피 일부 탈락, 잔주름, 기미, 표피를 매끄럽게 한다.

　㉡ TCA 35% 이상 : 표피 전체와 진피 상부 망상층까지 침투되고, 진피 내 염증 세포 침윤 유발, 여드름 흉터, 모공 염증 후 색소 침착에 주의해야 한다.

프로스팅 현상(Frosting)
단백질이 응고되면서 얼굴에 서리가 끼듯 얼려 있는 상태이다.

(5) Easy TCA

안정화·균질화되고 보조제가 첨가된 용액으로 AHA, 항산화제, 비타민 및 사포닌과 결합되어 있다. Base Solution에는 AHA 성분인 구연산, 아스코르브산, 코카마이드, 라우레트 황산나트륨, 사포닌이 포함되어 피부에 산의 침투를 균일화하고 피부를 보호하며 피부 치료를 원활하게 한다.

주 적응증
여드름, 기미, 광노화, 얕은 주름, 각화증, 표재성 일광 흑자, 목, 데콜테, 손 및 다른 부위의 신체에 고루 적용하며 튼 살, 여드름 흉터, 손상이 심한 데콜테에도 적응증이 된다.

(6) 오바지 블루필

① 미국의 유명한 미용성형 의사인 오바지에 의해 개발된 방법으로 기존의 화학 박피 재료에 청색의 특수 용액을 섞어 박피의 깊이를 조절할 수 있게 만든 새로운 화학 박피술이다.

② TCA에 의한 염증 반응을 억제시키고 작용 시간을 연장시켜서 비교적 저농도의 TCA 용액으로도 충분한 깊이의 필링이 가능하다.

③ 부작용이 없고, 큰 고통 없이 시술 후 7~10일이면 회복되며, 레이저 시술과 병용하면 더 좋은 결과를 얻을 수 있다.

④ 블루 필은 20~30대의 눈과 입가의 잔주름과 주름 제거 후 남아 있는 잔여 주름에 효과가 있다.

⑤ 주근깨나 다른 병변이 있어서 한번에 빠르고 확실한 효과를 보기 위해서 시행할 수 있는 안전하고 효과적인 방법이다. 오바지 블루 필의 가장 큰 장점은 안정성이다.

⑥ **주 적응증** : 여드름, 넓은 모공, 일광 화상, 색소성 병변, 주름, 흉터 등의 문제성 피부에 효과가 기대된다.

(7) 제스너 필링

① 레조르시놀, 살리실산 락틱산(젖산)을 혼합한 화학 박피제로 얇은 박피에 사용되며 시술 후 약간의 홍반과 프로스팅(Frosting)이 보인다.

② 사용 시에 한 번만 얇게 발라주면 가볍게 각질이 날리는 정도의 스케일링(Scaling)이 되고, 보다 깊은 필링을 원하면 4~5회 정도를 반복해서 바르면 된다.

③ 필링이 잘 이루어지면 2~4주 간격으로 필링이 충분하지 않은 경우 1~2주마다 시술한다.

④ 산을 사용하므로 알칼리성 중화제 준비는 필수적이다.

⑤ **주 적응증** : 피부 톤의 개선, 여드름, 광노화, 색소 이상, 손과 팔의 광노화, 목과 데콜테에 치료 효과가 좋다.

(8) 아미노 필링

① AFA는 미국 Chemical Peel의 리더인 Marin Klain 박사가 최근에 발명한 피부 박피 제품으로 사람의 피부에서 자연적으로 생성된 것과 같은 아미노산에 기초한 제품이다.

② 사람의 피부에서 자연적으로 생성되는 것과 같은 아미노산에서 기초한 얇은 박

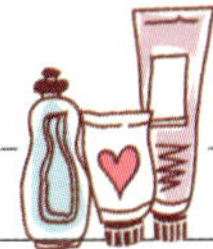

피 수분을 잡는 NMF 인자로서 보습력을 높인다. 한층 강화된 피부 치료 효과와 노화 방지 및 보습 효과가 뛰어나다.

③ 새로운 피부 조직 생성 및 재생, 미세한 선이나 주름 등의 개선 및 피부 탄력 증가, 여드름, 각질 등의 피부 색소 제거 및 미백 효과 등이 있다.

주 적응증

잔주름, 기미, 염증성 여드름, 여드름, 탄력 저하 피부, 피지 분비 조절, 모공 축소에 도움을 준다.

치료 범위

- AFA 20 : 일반 박피, 미세 주름, 각질 제거(4~5분)
- AFA 30 : 잡티, 색소 침착, 모공 피지(4~5분)
- AFA 40 : 여드름, 노인성 반점, 주름, 검버섯, 기미(4~5분)
- AFA 50 : 색소 침착(3~4분)
- AFA 60 : 심한 여드름, 검버섯, 기미, 주름(2분)
- AFA 40 : 여드름, 노인성 반점, 주름, 검버섯, 기미(4~5분)
- AFA 50 : 색소 침착(3~4분)
- AFA 60 : 심한 여드름, 검버섯, 기미, 주름(2분)

(9) Retinoic Acid(Tretinoin)

① 장기간 사용으로 서서히 각질을 탈락시키는 방법으로 콜라겐층을 약 8배까지도 증가시키며, 표피층을 얇게 만드는 방법이다.

② DNA를 자극하여 세포를 생성시키며, 최근에 1% 트레티노인(Tretinoin) 용액이 잔주름의 치료에 효과가 있다는 것이 알려지면서 잔주름과 기미 등의 색소성 질환에 적용된다.

③ 주 적응증 : 잔주름, 여드름, 모공 치료에 효과가 기대된다.

(10) 페놀산

① 페놀산은 조직 침투력이 TCA보다 강하여 진피 가운데 층까지 침투하여 괴사를 일으키는 것으로 흉터의 가능성도 있다.

② 심장, 간, 신장에 영향을 줄 수 있으며, 시술 후 1주일간 입원 치료가 필요하다.

③ 주 적응증 : 여드름 흉터, 기미, 색소 질환, 주름 치료에 효과가 기대된다.

(11) 산소 필

① AHA와 비타민 C를 혼합하고 산소 발생 성분을 첨가하여 산소 공급을 통한 성분 침투의 극대화를 가져오기 위한 시술법이다.

② 산소 필은 글리콜산, 락트산, 엔자임, 산소 전달 물질 등의 복합 필로 필링과 재생이 동시에 이루어져 어두운 피부를 개선하여 얼굴색이 정화되며, 피부의 탄력성과 유연성이 회복된다. 1~2주 간격으로 10회 정도 시술하는 것이 효과적이다.

(12) 해초 박피술

① 천연의 재료인 해초 식물을 원료와 미네랄, 미량 원소, 미세한 암석 가루 등의 혼합물이다. 해초 필링의 원리는 효소 필링과 미세 박피술을 합쳐놓은 것과 같은 기능을 가진다.

② 시술자의 러빙에 의해 박피 정도가 조절되며, 피지 분비 조절, 상처 치유, 보습력, 피부 탄력에 효과적이나 민감한 피부, 기미 피부에는 주의를 요한다.

③ 주 적응증 : 여드름 자국, 얕은 흉터, 잡티, 기미, 넓어진 모공 치료에 도움을 준다.

(13) 알라딘 필링

① 담수 해면을 건조하여 곱게 갈아 주 재료로 사용하며, 그 외 연마 효능을 가진 미세한 암석 가루와 천연 성분의 농축제, 전분, 연화제, 수렴제가 혼합되어 있는 파우더 형태로 되어 있다.

② 피부 자극이 비교적 적어 일상생활에 지장을 덜 받고 회복 기간(약 7~10일)이 짧다. 기본적으로 1~2주 간격으로 4~6회 시술한다.

③ 주 적응증 : 칙칙한 피부, 여드름 피부, 모공 각화증에 도움을 준다.

(14) 크리스털 필링

① 미세 박피술의 한 방법으로, 크리스털 파우더를 강하게 분사하여 피부에 부딪히게 하여 피부 조직을 세밀하게 탈피시킴과 동시에 파우더와 탈피된 조직을 흡입하여 박피가 되게 하는 방법이다.

② 필링 시 핸드피스를 피부의 특정 부위에 오래 머무르면 피부가 손상될 수 있으므로 일정한 속도를 유지하여야만 한다. 크리스털 가루는 재사용해서는 안 된다.

③ 주 적응증

  ㉠ 잔주름, 넓은 모공, 흉터, 튼 살, 닭살, 여드름 흉터, 광 손상된 피부, 지루 각화증, 색소성 질환에 치료 효과가 기대된다.

  ㉡ 악성 종양, 이소트레티노인 복용자, 급성 피부염, 일부 각화증은 필링을 금한다.

(15) 다이아몬드 필링

① 미세 박피술의 한 방법으로, 천연 다이아몬드가 장착된 팁을 이용하여 피부 타입에 따라 칩과 진공압을 조절하여 시술하고 필터에서 눈으로 직접 탈피된 각질을 확인할 수 있다.

② 일반적으로 진공압을 이용한 주 장치 이외에 다양한 사이즈와 개수의 핸드피스 및 다이아몬드 팁, 그리고 피부 보호 캡이 따로 있으므로 피부 상태에 따라 다양한 선택이 가능하다.

③ 피부색이 짙어도 시술 가능하며, 계절에 상관없이 시행할 수 있다.

④ 시술 시 통증이 거의 없고 시술 후 일상생활이 가능하다.

⑤ 주 적응증 : 여드름, 여드름 흉터, 넓은 모공, 잔주름, 피부 색조 이상, 모공 각화증, 얕은 흉터, 색소성 질환에 치료 효과가 기대된다.

1 피부의 해부학적 용어

1. epidermis – 표피
2. stratum corneum – 각질층
3. stratum lucidum – 투명층
4. stratum granulosum – 과립층
5. stratum spinosum – 유극층
6. stratum basle – 기저층
7. papillary layer – 유두층
8. reticular layer – 망상층
9. subcutaneous tissue – 피하 조직
10. sebaceous glands – 피지선
11. sweat glands – 한선
12. muscle – 근육
13. scalp – 두피
14. wrinkle – 주름

2 피부의 병변과 증상 용어

〈원발진〉

15. macule – 반점
16. freckles – 주근깨
17. tattoo marks – 문신
18. melanin – 기미
19. PIH(Post Imflament Hyperpigmentation) – 염증 후 과색소 침착
20. papules – 구진
21. nodule – 결절
22. tumor – 종양

23. vesicle – 소수포

24. bulla, bulister – 수포

25. pustule – 농포

26. wheal – 두드러기

〈속발진〉

27. erosion – 미란

28. ulcer – 궤양

29. scale – 인설

30. fissure – 균열

31. scar – 흉터

〈질병〉

32. atopy dermatitis – 아토피 피부염

33. allergic contact dermatitis – 접촉성 피부염

34. psoriasis – 건선

35. herpes simplex – 단순 포진

36. herpes zoster – 대상 포진

37. varicella, chickenpox – 수두

38. rubella – 풍진

39. albinism – 백색증

40. vitiligo – 백반증

41. acne – 여드름

42. comedones – 면포

43. rosacea – 주사

44. alopecia – 탈모증

45. frostbite – 동상

③ 시술 용어 / 성형외과 용어

46. plastic surgery – 성형 수술

47. excision – 절제, 제거

48. chemical peel – 화학 필링

49. herbal peel – 해초 박피

50. crystal peel – 크리스털 필링

51. skin graft – 피부 이식

52. contruction of superior palpebral folds = double-eyelid operation – 쌍꺼풀

53. suture method – 봉합 방법

54. burried suture method – 매몰 방법

55. insion method – 절개 방법

56. epicanthoplasty – 몽고주름

57. blepharoplasty – 안검 성형술(안검의 피부가 과잉으로 많아 안검이 늘어질 때 과잉의 피부 절제나 쌍꺼풀을 만들기 위해 안검에 절개를 넣은 후 봉합하는 수술)

58. facial contouring surgery – 안면 윤곽 성형술

59. angle ostectomy – 사각턱 교정술

60. geniplasty – 턱 성형술

61. rhinoplasty – 코 성형술

62. mammoplasty – 가슴 성형술

63. liposuction – 지방 흡입술

64. crow's feet – 눈 옆주름

65. osmidrosis – 액취증

66. breast augmentation – 유방 확대술

67. breast resconstruction – 유방 재건술

68. inverted nipple – 유두 재건술

69. face lift surgery – 얼굴 주름 펴는 수술

70. forehead/brow lift – 전두부 거상술(이마, 미간 주름 펴는 수술)

71. botox – 보톡스(주름, 사각턱에 시술)

72. filler – 주름을 채워주는 시술

④ 약물 관련 용어

73. A. C(ante cibum/ante cibos) – 식전 복용

74. analgesics – 진통제

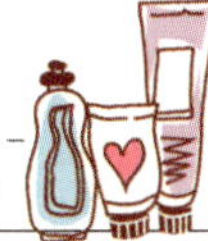

75. anesthetics – 마취제

76. antibiotic – 항생제

77. anticonvulsant – 항경련제

78. antidepressant – 항우울제

79. antineoplastic drug – 항암제

80. antitussive – 진해제, 기침 억제제

81. aq dest(aqua destilla) – 증류수

82. N/S(normal saline) – 생리 식염수

83. D/S(5% dextrose in normal saline) – 5% 포도당 생리 식염수

84. 5DW(5% dextrose in water) – 5% 증류수

85. IV(intravenous) – 정맥 주사

86. injection – 주사

87. IM(intramuscular) – 근육 주사

88. oint – 연고

89. sedatives – 진정제

90. fluid – 수액

91. hypnotics – 수면제

92. narcotics – 마약

93. ophthalmic oint, ophth. oint – 안연고

94. ophthalmic solution, ophth. sol – 점안액

95. P. O(Per Oral) – 경구 복용

96. P. C(Post Cibos) – 식후 복용

97. digestive – 소화제

98. diuretics – 이뇨제

99. tablet, tab, t – 정제, 알약

100. tranquilizer – 신경 안정제

참고문헌

김영미, 「메디컬 스킨케어」, 임송출판, 2003

대한피부과학회 산하 대한아토피 피부염학회, 「아토피 피부염의 모든 것」, 월간조선사, 2006

서기범, 「아토피 제로」, 대교베텔스만, 2007

이송미, 「아토피」, 김영사, 2004

이진아, 「아토피를 잡아라」, 시공사, 2002

정종영, 「아틀란스 피부 관리학」, 엠디출판

이승헌, 안성구, 정세규, 「피부장벽」, 여문각출판, 2004

Blauvelt A, Hwang ST, Udey JC. 「Allergic and immunologic diseases of the skin」. J Allergy Clin Immunol 2003;111;S560-70.

Jung T. New treatments for atopic dermatitis. Clin Exp Allergy 2002;32 : 347-54.

Leung DY, Bieber T. 「Atopic dermatitis」. Lancet 2003;361 : 151-60.

Leung DYM. 「Infection in atopic dermatitis」. Curr Opin Pediatr 2003;15 : 399-404.

저 자 소 개

허은영 명지전문대학 교수
유중석 성신여자대학원 교수
송미경 동서울대학 교수
박지현 우송정보대학 교수
최나홍 우송정보대학 교수
최성임 명지전문대학 교수
김연숙 그리스도대학교 교수
장병수 한서대학교 교수
이명희 송호대학 교수

메디-에스테티션을 위한

메디컬 스킨케어

2011. 3. 24 초판 1쇄 발행
2013. 9. 5 초판 2쇄 발행

지은이 | 허은영 · 유중석 · 송미경 · 박지현 · 최나홍 · 최성임 · 김연숙 · 장병수 · 이명희
펴낸이 | 이종춘
펴낸곳 | **BM** 성안당

주소 | 121-838 서울시 마포구 양화로 127 첨단빌딩 5층(출판기획 R&D 센터)
　　　 413-120 경기도 파주시 문발로 112(제작 및 물류)
전화 | 02)3142-0036
　　　 031)955-0511
팩스 | 031)955-0510
등록 | 1973.2.1 제13-12호
출판사 홈페이지 | www.cyber.co.kr
ISBN | 978-89-315-7415-9 (13500)
정가 | 20,000원

이 책을 만든 사람들

기획 | 황철규
진행 | 이용화
교정·교열 | 허혜영 · 노예주
편집 | 김수진
표지 | 임형준
제작 | 구본철